现代食品调香与调味

宋诗清　冯　涛　主编

U0201605

化学工业出版社

·北京·

内 容 简 介

本书主要介绍了现代食品调香与调味的原理、技术及应用，包括味觉与嗅觉的特点、香味与滋味的协同作用的理论、风味生理学、食用色素对风味的影响、风味增强剂及其衍生物、味觉调控的方法、天然香精的制备、甜味剂的发展和应用、鲜味剂的发展和应用、浓厚味剂的发展和应用、低盐食品的调香与调味、低糖食品的调香与调味、低脂食品的调香与调味、清真食品的调香与调味、食用香精香料的安全与鉴伪等。

本书可供食品生产企业技术研发人员、食品教学科研人员、食品相关专业师生参考。

图书在版编目（CIP）数据

现代食品调香与调味/宋诗清，冯涛主编. —北京：
化学工业出版社，2021.1（2024.11重印）
ISBN 978-7-122-37862-0

Ⅰ.①现… Ⅱ.①宋…②冯… Ⅲ.①调味品 Ⅳ.①TS264.2

中国版本图书馆 CIP 数据核字（2020）第 190343 号

责任编辑：彭爱铭　　　　　　　　装帧设计：史利平
责任校对：刘　颖

出版发行：化学工业出版社（北京市东城区青年湖南街 13 号　邮政编码 100011）
印　　装：北京天宇星印刷厂
710mm×1000mm　1/16　印张 13½　字数 222 千字　　2024 年 11 月北京第 1 版第 5 次印刷

购书咨询：010-64518888　　　　　　售后服务：010-64518899
网　　址：http：//www.cip.com.cn

前　言

　　现代食品正朝着"轻食化"的方向发展，健康、美味是现代食品的主旋律。轻食化的代表就是低盐、低糖和低脂食品。另外，一些特殊食品如清真食品也受到一些人的青睐。

　　随着人们对健康的需求越来越高，相应的调香与调味该如何应对？健康、天然的调味剂是十分重要的发展方向，天然香料香精的开发与应用将是未来的主要趋势。本书从健康、天然、美味的视角来介绍现代食品的调香与调味技术，以期为相关的从业人员以及广大消费者提供一个科学的判断和参考。

　　本书共十一章，由多位业内的资深人士参与编写，分工如下：第一章，现代食品的特点及其要求(新西兰奥克兰理工大学食品科学系陆隽教授，上海应用技术大学香料香精技术与工程学院冯涛教授)；第二章，香与味之间的协同作用与机制(上海应用技术大学香料香精技术与工程学院冯涛教授和宋诗清副教授)；第三章，天然香精香料的制备与稳定化技术［芬美意（上海）研发中心陈龙博士，冯涛教授］；第四章，甜味剂的发展与应用(中国科学院昆明植物研究所杜芝芝副研究员，冯涛教授)；第五章，鲜味剂的发展与应用(上海交通大学农业与生物工程学院刘源教授)；第六章，浓厚味剂的发展与应用(北京工商大学食品学院王蓓副教授，冯涛教授)；第七章，低盐食品的调香与调味(冯涛教授，宋诗清副教授)；第八章，低糖食品的调香与调味(美国国际香精香料有限公司方元超高级研发专员)；第九章，低脂食品的调香与调味(宋诗清副教授)；第十章，清真食品的调香与调味(江西朵美香精香料有限公司丁泉水总经理，闽南科技学院周强副教授)；第十一章，食用香精香料的安全与鉴伪(上海应用技术大学化学与环境工程学院许旭教授，冯涛教授)。

　　由于编者水平及时间有限，本书有一些内容未能详细展开讨论，亦不可避免会有一些不足之处，请读者理解和指正。

编者

2020.8

目 录

1.1　现代饮食及其对人体健康的影响

近年来，公众对现代饮食和人类健康的看法发生了巨大的变化。许多主要与饮食有关的慢性健康问题，逐渐进入人们的视野。然而，对于此类健康问题，人们的共识不多。这种缺乏共识的情况，为人们提出不同关于现代人最佳饮食的建议打开了大门。膳食脂肪就是一个关键的例子。自20世纪80年代和90年代初的反脂肪健康教育运动以来，人们越来越认识到某些膳食脂肪实际上对健康有益。为此，许多公司现在都在销售专门的膳食脂肪补充剂，公认的健康权威机构也开始向特定人群推荐这些补充剂。越来越多的普通消费者开始困惑了：低脂肪还是不含脂肪；不吃肉，或者少吃肥肉；是一天一个鸡蛋，还是多个鸡蛋；是少吃碳水化合物，还是多吃全谷物；等等。有太多令人困惑的信息，大众媒体和公众太关注流行饮食，而对严格的饮食建议关注太少。所以，加强对饮食需求、食物来源、潜在益处、现代食物及其对人类健康的影响等方面的知识是十分必要的。

1.1.1　现代饮食所面临的问题

随着社会的发展，工作节奏、生活节奏的加快，已经严重影响了一个人的饮食习惯，许多人经常吃高热量的快餐，俗称垃圾食品。对食用高热量食品可能带来的健康危害进行研究，可以为避免食用高热量食品提供一些方法，但不幸的是，所采取的措施并没有达到应有的效果。目前，肥胖、心脏病、糖尿病等疾病的发病率大幅上升，而不健康的垃圾食品、加工食品是造成这种现象的重要因素。大规模消费不健康食品这一全球性问题及其对人类健康的影响需要得到重视。我们应加强了解有关不健康食品对健康的影响和预防措施的知识。

营养过剩与食欲紊乱密切相关。食欲控制依赖于饮食结构和生活方式、自主神经和胃肠黏膜传感系统以及食物中各种成分和相应受体之间的相互作用。因此，从各种资源对食品及其对健康的影响之间的相互关系进行研究，并系统地提出这些认识，以便强调食品的不良影响和为了健康生活所应采取的措施。

1.1.2　现代饮食的未来之路

关于现代饮食与健康的关系，必须解决以下四个关键问题：①不同的遗传和家庭背景的个体对身体的营养需求可能导致不同的饮食习惯，生活在不同的国家也会导致饮食习惯的差异。甚至不同的肠道微生物也会影响对营养的需求。饮食跟基因组的表达、调控、修饰相关。显然，这对营养基因组学来说是一个挑战。如何为不同的人提供科学的饮食和配方？②食品和营养对免疫系统的贡献是显而易见的，也是功能食品研究的一个热点。免疫低下常见于婴儿、儿童、老年人以及患有疾病和严重营养缺陷的个人。但过度的免疫会导致炎症、自身免疫性疾病和代谢综合征。因此，什么是适当的免疫以及如何量化免疫？然而，目前还没有任何方法可以量化免疫系统。③食物对人体器官或组织的确切影响尚不清楚。一些研究表明，食物主要与胃肠道黏膜系统相互作用。器官和组织之间的沟通是通过胃肠道和内部系统的循环和信号系统建立的。食物不能直接进入目标器官或组织，这就导致了我们面临的主要问题，即尽管代谢和细胞信号转导提供了可通过获得几毫米立方的外周血进行评估的可行性，但人们仍然缺乏对该项复杂非线性系统的定量描述。④最后一项是关于公共卫生的，它是一个社会和政治概念，目的是通过促进健康、预防疾病和其他形式的健康干预，改善全体人民的健康、延长生命和提高生活质量。

1.2　低脂食品的概念及其开发现状

脂肪在食品加工过程以及产品的营养功效中都起着重要作用，它不仅赋予食品润滑口感、独特风味、特定组织状态和良好稳定性，而且是人体必需脂肪酸的来源及脂溶性维生素的载体，同时食物中的脂肪可以提供能量，是人体获得能量的重要来源之一。另外，脂肪不仅对食品的感官性质有重要影响，而且在保持自身风味的同时，也对其他香料的浓度、持久性和平衡产生一定的影响。

已有研究表明高脂肪膳食能够引起肥胖以及心脑血管疾病的发生。鉴于这些问题，许多国际机构（其中包括 WHO）推荐指出，每日膳食中由脂肪供给的能量应为总能量的 15％～30％，并且胆固醇的摄入量应该限制在 300mg/d 以下。美国农业部在不断增长的肥胖人群比例和与之相关的健康风险评估中，建议尽量降低日常饮食中的脂肪摄入量。但是，降低食品中的脂肪含量会对食品的感官性质产生影响，使产品口感粗糙、风味降低，从而影响了消费者对产品的接受性。因此，为了满足消费者的需要，研究人员开发出脂肪替代品，使其在食品加工中具有广泛的用途。首先，脂肪替代品能够全部或者部分替代食物中的油脂，能够很好地保持食物的食用特性；其次，脂肪替代品在人们食用过后，摄入的总能量始终处于低水平，使体内没有多余的能量转化成脂肪，能够起到真正的瘦身、减肥的目的，进而预防多种疾病的发生。脂肪替代品通常可以根据它们的构成进行分类，主要包含：①蛋白质基质脂肪替代品，比如乳清蛋白、大豆蛋白以及胶原蛋白等；②碳水化合物基质脂肪替代品，比如淀粉、面粉以及食品胶等；③脂质基质的脂肪替代品，比如具有乳化作用的大豆卵磷脂等。目前，脂肪替代品正从单一组分向着复合成分的方向发展。

1.2.1 低脂食品的分类

低脂食品中的脂肪替代品是一种具有脂肪的物理性质和感官性质，能被人体消化和吸收，但提供低能量或者不提供能量的物质。通常情况下，脂肪替代品主要包括脂肪模拟物（能够模拟一些脂肪特性，但不是全部的特性）、脂肪替代物（不产生能量或产生较少能量，同时对感官特性无影响）以及脂肪类似物（分子的物理性质类似于脂肪，但是含有少量或者不含有能量）。

1.2.1.1 基于脂肪模拟物的低脂食品

脂肪模拟物主要以蛋白质或碳水化合物为基质，添加在食品中以模拟脂肪的部分特性。蛋白质基质脂肪模拟物主要是通过物理、化学方法对底物蛋白质进行处理，通过改变其粒径、乳化性及持水性等特点来制备模拟脂肪。但是，蛋白质通常会在高温条件下发生变性，使得蛋白质基质脂肪模拟物在高温煎炸食品中的应用受限；另外，蛋白质有可能结合一些风味物质，从而降低或者改变食物的风味。因此，蛋白质基质脂肪模拟物的添加具有更高的体系特异性，不仅仅与所使用蛋白质来源，更与食品配方中其他成分有关。

碳水化合物基质脂肪模拟物在使用过程中会形成凝胶，从而吸收大量水分，达到改善水相结构特性的目的，进而产生类似于脂肪的流动性和润滑性。碳水化合物基质脂肪模拟物同样不能用于高温制品中，且其较高的持水量使得制品中的水分活度提高，缩短了货架期。

1.2.1.2　基于脂肪替代物的低脂食品

脂肪替代物与主要模拟脂肪物理性状的脂肪模拟物相比，更倾向于在减少能量摄入的情况下，保持食品原有的风味、口感、香气、总体可接受性等感官性状。脂肪替代物的制备主要以蛋白质或碳水化合物为主，同时结合多种其他物质，最终制成针对于不同制品的脂肪替代品，使得最终产物与全脂制品感官性质基本相同。但是，由于配方常常具有一对一的相应性，使脂肪替代物的应用受到了一些限制。

1.2.1.3　基于脂肪类似物的低脂食品

脂肪类似物，也称为脂肪基质脂肪替代品。添加脂肪类似物的低脂食品在降低能量的同时得到了与全脂制品相似的理化性质，同时饱和脂肪酸含量降低，不饱和脂肪酸含量升高。脂肪类似物的代表产品为美国 Procter& Gamble 公司生产的蔗糖聚酯，它是由蔗糖与含有 8～12 个碳的脂肪酸发生酯化反应形成的蔗糖酯的混合物，其中蔗糖的 6～8 个羟基被酯化。蔗糖聚酯的物理特性、功能及应用要视其脂肪酸的类型而定，用类似于通常油脂所含脂肪酸制得的蔗糖聚酯，其物理特性与油脂很类似。由于蔗糖聚酯不被人体消化和吸收，所以不提供任何能量。但是，蔗糖聚酯很容易引起肛漏和渗透性腹泻，并影响脂溶性维生素和其他营养素的吸收。

1.2.2　低脂食品的开发现状

1.2.2.1　蛋白质基质低脂食品的开发现状

主要以鸡蛋、大豆、乳清、胶原蛋白等蛋白质为原料，通过热处理、酶解等方法改变其三级结构，同时改变蛋白质的凝胶性及持水性，使其与脂肪的结构更为相像。目前，微粒化处理和高剪切处理的联合应用，是制备蛋白基质脂肪替代品的最主要的途径。

（1）乳清蛋白　乳清蛋白作为分离自全脂乳的乳制品成分，相较于碳水化合物基质的脂肪模拟物，常用于酸奶、干酪、冰激凌等加工乳制品中，其中浓缩乳清蛋白（whey protein concentrate，WPC）更为常见。卢蓉蓉等优化了乳清蛋白 WPC-80 为基质制备脂肪替代品的工艺，在转速 12000r/min，处理时间为 5min 时得到凝胶表面光滑、柔软的脂肪替代品。随后，以此脂肪模拟物替代冰激凌中 25％的脂肪。随着脂肪替代率的增加，冰激凌浆料膨胀率增大，抗溶性和硬度下降，制得的低脂冰激凌的各项感官指标与中脂冰激凌相当。当替代全部脂肪时，所制得的无脂冰激凌也有较好的感官接受性。Calleros 等将 WPC 作为脂肪替代品加入酸奶中显现出了和全脂酸奶较相近的流变性和黏弹性。Hale 等将乳清蛋白与玉米淀粉以 2：1 的比例水解、重构后制成脂肪模拟物，并且应用添加至馅饼中，不仅提高了出品率，并且提高了产品的总体可接受性。Komatsu 等将菊粉、乳清蛋白及乳脂按照不同比例制备脂肪模拟物并添加到番石榴慕斯（一种糕点）中，其中乳脂：菊粉：乳清蛋白为 1：1：1 时效果最佳，显著降低了总脂肪和饱和脂肪的含量，同时对感官无明显影响。Cesar 等人将乳清蛋白-低甲氧基果胶复合凝聚物以不同添加量添加到低脂再制干酪中，对其化学成分、流变学和整体的感官接受性进行评估比较，结果表明，添加 50％和 75％低甲氧基果胶复合凝聚物对再制干酪的感官性质以及状态和全脂干酪基本相似。从这些文献可以看出，将乳清蛋白与其他成分相结合制取脂肪替代品，能够取得良好的效果。

（2）大豆蛋白　应用具有较高营养价值及较多功能性质的大豆蛋白来制备脂肪替代品的研究相对较少，主要原因是大豆蛋白的豆腥味大大限制了其在食品中的应用。但随着脱腥技术的发展和应用，使得以大豆蛋白为基质的脂肪替代品成为未来的发展方向。除此以外，大豆蛋白的高蛋白、低脂肪、低胆固醇的特点，使其具有制备优质脂肪替代品的巨大潜力。Berry 等发现添加大豆分离蛋白的低脂牛肉馅饼具有和全脂牛肉馅饼基本相似的感官特性，而且添加大豆分离蛋白的样品具有最小的蒸煮损失。Ahmad 等研究发现，将大豆分离蛋白混入低脂水牛肉乳化香肠中能够显著改变产品的感官和质构性质（弹性、硬度、咀嚼性、回复性和黏弹性等）。Heywood 等将组织化大豆蛋白加入牛肉馅饼中，研究发现 30％的添加量明显提高了牛肉馅饼的硬度。Angor 等发现在牛肉馅饼中添加组织化大豆能够提高肉馅的持水力和蛋白质含量，却在一定程度上降低了低脂牛肉馅饼的风味，但将组织化大豆蛋白与卡拉胶、磷酸三钠的混合物添加到样品中时，大大改善了制品的风味。可见，对于大豆蛋白这种特殊的性质，要经过更多的加工处理，并与其他成分进行结合利用，才能避免单独使用大豆蛋白时给产品感官方面带来的负面影响。

（3）胶原　胶原是在肌纤维周围形成结构的蛋白质，并将动物体内的肌肉联结起来。经加热水解成明胶，其蛋白质含量约为 85%。由于其较好的结合水的能力及与肉品蛋白的兼容性，常常用在肉制品中作为脂肪替代品。同时，明胶作为动物皮、韧带和骨头熬制后得到的水溶性蛋白的混合物，也可产生奶油般的质构，作为奶油生产中的脂肪替代品。但胶原蛋白中必需氨基酸的缺乏往往限制了其在食品中作为脂肪替代品的替代量，使得胶原蛋白常以复合体系作为脂肪替代品进行应用。

刘贺等以明胶和阿拉伯胶为原料通过相分离反应制备的脂肪替代品替代低脂蛋黄酱中 60% 的脂肪，仍不影响产品的感官性质，通过添加黄原胶 0.04%、卡拉胶 0.05%，则可以使低脂蛋黄酱的稠度和全脂蛋黄酱相当。Choe 等将猪皮和小麦纤维复合制备 PSMF（protein sparing modified fast）作为脂肪替代品添入法兰克福香肠中，含有 20% PSMF 的香肠样品降低了 50% 脂肪、32% 能量，同时减少了 39.5% 的蒸煮损耗。高含量的 PSMF 形成了更稳定的乳状肉，并提高了硬度、黏合度、咀嚼性等性质，在色度、风味、多汁性等方面没有发现显著性差异，可见 PSMF 的添加明显改善了低脂肉制品的质量特性。

1.2.2.2　碳水化合物基质低脂食品的开发现状

碳水化合物基质脂肪替代品主要包括改性马铃薯淀粉、木薯淀粉、玉米淀粉、大米淀粉、燕麦淀粉等，另外纤维、树胶及多糖也经常被使用。大多数的碳水化合物基质脂肪替代品通过吸水形成类似凝胶的结构来模拟脂肪。

（1）面粉和淀粉　面粉和淀粉具有较好的结合水及持水性，使其常被作为脂肪替代品使用。Ma 等将酶解的玉米淀粉作为脂肪替代品添入蛋黄酱中，发现降脂（60%）蛋黄酱具有和全脂样品相似的感官性质。Liu 等利用改性马铃薯淀粉（2%、4%）作为降脂（5%、15%）牛肉香肠中的脂肪替代品，使得总能量降低了 15%~49%，含有 15% 脂肪和 2% 马铃薯淀粉的香肠与对照样（30%）具有相似的硬度。Tao 等将凉粉草胶和大米粉复合物作为脂肪替代品添加进中国广式香肠中，发现添加有脂肪替代品的样品，乳化稳定性和持水能力均优于其他样品，且总体可接受性与全脂香肠相似。Sipahioglu 等将改性木薯淀粉和卵磷脂以 1∶5 的比例作为脂肪模拟物添加进干酪中，改性木薯淀粉和卵磷脂的复合物改善了降脂和低脂干酪的风味、质构和总体可接受性。

（2）纤维　纤维主要来自大米、燕麦、大麦、玉米等作物，作为脂肪替代品添加至低脂制品中可以提高出品率并改善质构，但大量的纤维易导致低脂制品含水量减少及口感下降等问题，使得纤维常被用作与蛋白质、胶体等物质结合制备复合脂肪替代品。Yilmaz 分别将黑麦麸、燕麦麸、小麦麸作为脂肪替代品（5％、10％、15％、20％）添加到低脂肉丸中，结果表明添加有脂肪替代品的样品，明显降低制品中反式脂肪酸含量，而且添加量达到 20％ 时，仍具有较高的总体可接受性。Talukder分别将小麦麸和燕麦麸作为脂肪替代品（5％、10％、15％）添至鸡肉馅饼中，发现在显著降低制品中饱和脂肪酸含量的同时，对于感官性质无不良影响。Toutt 等将膳食纤维、淀粉和葡聚糖的混合物添加到 10％ 脂肪含量的牛肉丸子中，发现与 20％ 脂肪含量的制品具有相似的质构，但是对于多汁性没有显著改善。

（3）食品胶　食品胶主要包括卡拉胶、黄原胶、瓜尔胶、槐豆胶、褐藻胶、黄原胶等。Xiong 等研究发现，含有槐豆胶和黄原胶的牛肉香肠相较于空白样品来说，具有更好的感官性质。Michaela 等将 κ-、ι-卡拉胶（0.05％、0.15％、0.25％）分别加入再制干酪（45％、50％）中，发现相较于 κ-卡拉胶，ι-卡拉胶对再制干酪黏弹性的影响更为显著，同时能够显著降低制品的粗糙感。Bigner 等将 0.5％ ι-卡拉胶和 10％ 水分混合添至低脂牛肉馅饼中，得到与全脂样品相似的多汁性和柔韧性。但由于添加食品胶的低脂制品中含有更高的水分，使得其相较于全脂制品更容易产生腐败变质。Brewer 等将卡拉胶、淀粉和磷酸盐混合添加至低脂牛肉馅饼中，大大降低了蒸煮损耗，同时对制品的感官性质有一定的促进作用。

（4）菊糖　菊糖在有水存在的情况下能够形成一种特殊的凝胶，以修饰产品质构得到一种类似脂肪的口感。菊糖相较于纤维具有较高的水溶性，使其应用范围变得十分广泛。Mendoza 等将菊糖作为脂肪替代品添至低脂发酵香肠中，结果表明，添有菊糖的香肠与高脂香肠具有极其相似的柔韧度、延展性和黏性。Arango 等将菊糖作为脂肪替代品添入牛乳中，发现 6％ 的添加量提高了接近 30％ 的出品率。Alvarez 等将菊糖添加至低脂肉糜中（5％ 脂肪含量），研究结果表明，添加有菊糖的处理组能够显著消除由于脂肪含量降低对制品的质构所产生的负面影响。Tomaschunas等将菊糖、柑橘纤维和部分大米淀粉的复合物作为脂肪替代品添加至低脂香肠中，研究发现添加脂肪替代品的低脂香肠油腻感明显降低，但是其质构和总体可接受性得到了显著提高，而且被消费者广泛接受。Tarrega 等将长链菊糖和短链菊糖以不同比例（25∶75，50∶50，75∶25）混合添至低脂奶油中，结果发现长链菊糖∶短链菊糖以 50∶50 比例添加时，能够得到和全脂样品相似的浓稠状态，并且在此基础上添加 λ-卡拉胶复配后，能够得到比全脂奶油更为浓稠的产品。

1.2.2.3　脂肪基质低脂食品的开发现状

脂肪基质脂肪替代品即脂肪类似物，在提供低热量的条件下，表现出脂肪的功能特性和加工特性。在实际生产中，可以将各种植物或者动物油脂与乳化剂经过预乳化作用，来制备脂肪基质脂肪替代品。其中利用的油脂主要包括菜籽油、亚麻籽油、橄榄油、葵花油、大豆油、鱼油等，而常用的乳化剂主要包括大豆蛋白、乳清蛋白、酪蛋白酸钠、蛋黄粉、豌豆蛋白、羽扇豆蛋白等。

Youssef 等将经过大豆分离蛋白、酪蛋白酸钠、乳清分离蛋白预乳化后的菜籽油添加到低脂牛肉馅中，研究发现利用酪蛋白酸钠预乳化的菜籽油能够显著提高牛肉馅的硬度，并降低了蒸煮损失。Herrero 等分别用大豆分离蛋白、酪蛋白酸钠乳化橄榄油作为法兰克福香肠中的脂肪替代品，发现乳化后橄榄油的添加显著改善了香肠包括硬度、弹性、黏结性、咀嚼性等质构特性。另外，脂肪基质脂肪替代品不仅仅提高低脂产品的质构特性，而且能够作为一种功能性物质应用于食品加工中。Mehdi 等将魔芋胶与橄榄油复合添加到低脂香肠中，研究发现香肠中的微生物和生物胺含量增长相对缓慢，同时制品的货架期显著延长。

1.3　低糖或无糖食品的概念及其开发现状

世界卫生组织表示，减少摄入含糖饮料，可降低肥胖、Ⅱ型糖尿病和龋齿的患病概率，并建议成人每天添加糖的摄入量不应超过 50g，最好控制在 25g 左右。而高糖饮料的含糖量可达 18g/100mL，超过了世界卫生组织给出的最大添加量，因此有一定的减糖空间和减糖需求。据欧洲饮料联合会 2017 年宣布，将在欧盟国家的中学校园逐步减少出售含糖饮料。政府通过对含糖饮料提高征税来控制消费，希望通过此法降低青少年购买含糖饮料的数量，改善青少年群体的身体健康指数。

目前，在很多国家和地区，均已将降糖提升到国家强制管控层面，并逐步制定和颁布针对高糖领域食品的征税政策，其中对含糖饮料产品征税的国家是最多的。健康和安全，已经成为企业发展的重要风向标。全球政策的引导，将会加速推进低糖/无糖产业的发展和新产品的上市，以满足人们对健康营养产品的更多选择，这也成为食品饮料产业发展的必然趋势。

1.3.1　低糖或无糖食品的相关标准

世界卫生组织于 2015 年发布成人和儿童糖摄入量指南，建议减少糖摄入量，成人和儿童糖摄入量应降至总能量摄入的 10% 以下。为了避免糖过量摄入对居民健康造成的影响，许多国家和地区均采取了控糖相关措施。国际食品法典以及欧盟、美国、加拿大、澳大利亚、新西兰、韩国、马来西亚、泰国、印度等国家或地区均要求在营养标签中强制标示糖含量，以此提示消费者减少糖的摄入。

按照食品安全国家标准 GB 28050—2011《预包装食品营养标签通则》中规定，"无糖"的定义是指固体或液体食品中每 100g 或 100mL 的含糖量不高于 0.5%（即 0.5g），"低糖"的定义是指固体或液体食品中每 100g 或 100mL 的含糖量不高于 5%（即 5g），这是衡量无糖或者低糖食品的唯一标准。低糖/无糖产品不意味着产品完全没有甜度或在甜感上有所下降，因为糖带来的甜味是大部分饮料产品畅销的基础，没有美好的甜感，消费者可能不会买单。因此寻找优质的糖的替代品成为研发者的重要诉求。

无糖甜味剂成为替代产品中添加糖（如蔗糖、葡萄糖、果糖、麦芽糖、果葡糖浆、玉米糖浆等）的最好选择。无糖甜味剂中高倍甜味剂产品优势在于甜度倍数高，几乎不产生能量，不参与人体新陈代谢，不影响血糖的升高，同时相对于白糖的使用成本，可以大大降低饮料产品生产成本，因此成为满足人们对甜感的需求，同时不增加身体能量负担的健康的糖替代品，是低糖/无糖产品应用研发不可或缺的重要成分之一。

高倍甜味剂简单分为天然甜味剂和人工甜味剂，其中天然甜味剂包括甜菊糖、罗汉果甜、甘草甜素、索马甜。人工甜味剂主要有三氯蔗糖、阿斯巴甜、安赛蜜、纽甜、爱德万甜、甜蜜素、糖精钠等。在饮料市场中主要使用的高倍甜味剂为三氯蔗糖、安赛蜜、阿斯巴甜和甜菊糖，其中安赛蜜和阿斯巴甜的新品研发趋势疲软并有下滑趋势，尤其在中国市场体现明显，表明企业在新产品研发过程中使用安赛蜜和阿斯巴甜的热情有所下降。甜菊糖作为天然甜味剂的代表,在高端新产品的市场发展较好,近几年新品市场一直保持稳定的增长态势。三氯蔗糖在饮料新品发展中一直保持快速增长,大量新产品的研发均使用三氯蔗糖作为糖的替代品,未来三氯蔗糖产品在低糖市场发展将有更大的发展空间。

三氯蔗糖是唯一一种以白糖为原料加工生成的高倍甜味剂,其甜度是白糖的600倍左右,口感近似于白糖的醇和、浓郁的甜味,同时又具有从酸性到中性的广泛 pH 值范围内的稳定性。在产品加工过程中使用便捷,不影响产品工艺,可单独使用,亦可与其他甜味剂或蔗糖、果糖等复配使用,其优越的甜感和安全性获得了全球食品药品安全组织机构和企业的高度认可。

1.3.2　低糖或无糖食品的消费现状

据国家食品安全风险评估中心数据统计,饮料中无糖饮料占 3.2%,低糖饮料占 15.6%,高糖饮料占 21.3%。其中果蔬汁类饮料、含乳饮料和碳酸饮料中高糖饮料所占比例分别为 31.6%、29.4% 和 24.7%,因此减糖已成为行业共识,食品饮料行业的发展都应减糖,重点满足对有"控糖"意向的人群和必须使用无糖产品人群的需求。但目前市场上仅在碳酸饮料、茶类饮料、植物蛋白饮料市场有少数无糖产品,在果蔬汁饮料、含乳饮料、风味饮料等领域市场未见无糖产品,因此为满足市场对低糖/无糖产品的需求,企业在各细分产品领域仍有较大的降糖空间。

无糖甜味剂产业的发展是推动低糖/无糖健康产品发展的重要基础,不同甜味剂的组分各不相同,甜味口感各具特色,大部分企业在产品研发和实际生产中,都会选择两种或两种以上的甜味剂搭配在一起使用,以获得最佳口感和成本。未来随着无糖型甜味剂产品的进一步发展,将会推动全球低糖/无糖大健康产业链的快速发展。

1.4　低钠食品的概念及其开发现状

食盐是最重要的调味品,在人们生活中占有举足轻重的地位。食盐能调节人体的渗透压平衡,维持神经和肌肉的正常兴奋性。当吃的食物里缺少食盐时,体内的钠离子含量就会减少,钾离子从细胞进入血液,会发生血液变浓、尿少、皮肤变黄等病症。然而,摄入过多的食盐也会导致许多不良的生理反应,引起一系列的疾病，严重地影响人们的健康。因此，倡导全民少吃盐、多选用低钠盐势在必行。

1.4.1　低钠食品的相关标准

在 GB/T 23789—2009《低钠食品》中规定，低钠食品是指通过减少或去除食品中的钠，使钠含量明显低于同类食品的食品。我国现有低钠食品标准所规定的钠的含量极小，普通低钠食品钠含量要求不高于 120mg/100g，非常低钠食品钠含量要求不高于 40mg/100g，但实际生产食品很难达到这个要求。

日常生活中，人们吃的大米、蔬菜、水果等素食本身也都含有一定的钠，鲜鱼、鲜肉等动物性食物中的钠含量一般是素食中钠含量的 10～40 倍。我国的食品标准可适当提高低钠食品中钠的含量，这样才更符合实际情况。目前市场上的低钠食品比较少见，但具有广阔的开发前景，以满足需要限制钠摄入量的特殊人群。

1.4.2　低钠食品的开发现状

目前，我国不少地方也已开始实施减盐行动，低钠盐也早已摆在了各大城市的超市中销售。例如现在市场上已经有湖北盐业生产的低钠盐，成分是氯化钠、氯化钾、碘酸钾、亚铁氰化钾。其中氯化钠的含量是 (70 ± 10)g/100g，氯化钾的含量是 20～35g/100g、碘含量（以 I 计）是 18～33mg/kg、亚铁氰化钾 [以 $Fe(CN)_6^{4-}$ 计] 不大于 10mg/kg。

每个国家的低钠盐产品都不尽相同，除了减少氯化钠的含量，也有食盐的替代物。有关低钠盐的产品，芬兰规定氯化钠 65％、氯化钾 25％、氯化镁 10％；日本规定氯化钠 78％、氯化钾 20％；美国规定氯化钠 50％、氯化钾 50％。美国 Linguagen 公司生产了 5′-磷酸腺苷，这种物质可通过阻断味觉神经细胞的激活来阻止味觉感受，在低盐肉制品中可以屏蔽氯化钾替代氯化钠后产生的苦味。现在，许多公司均生产各种各样的盐，这些盐能降低肉制品中钠的含量，却能在相同的含量下反而获得更高的咸度。日本生产了一种 Aromild 酵母提取液，其中含有非常丰富的 5′-肌苷酸和 5′-鸟苷酸，可以降低食盐含量，同时还能增加食品的风味。Lutz 报道在红肉肉糜中，片状食盐相比枝状或颗粒状食盐咸度更高。发现使用片状食盐后能提高产量，提高蛋白质功能特性，并减少感官质量的劣变程度。

目前市场上有许多降低食盐含量的品牌，例如亨氏集团声称亨氏焗豆和亨氏灌装通心粉中氯化钠的含量降低了 1/3，而儿童食品中食盐降幅更达到 59％。Arla Foods 公司生产的软奶酪中食盐降幅达 50％，黄油中食盐含量也降低了 15％。

随着人们对饮食营养健康的重视，低钠盐的需求正在迅猛上升，全球掀起了一股减盐风潮。目前减盐或寻找食盐的替代物等措施，都存在着一定的缺陷，开发出来的一些替代物只能应用于某些特定的食品中。虽然我国已经陆续开展了一些减盐相关的活动，但基本还停留在宣传动员阶段，尚未落实为大范围的行动，更缺乏具体的政策，尤其与国际上发达国家减盐行动相比，我国开展的减盐行动实施力度明显不够。

1.5　现代食品对香精香料的要求

1.5.1　现代食品中添加香精香料的重要性

在食品中添加生物活性化合物，可能会导致异味，导致由于味道而引起消费者厌恶的反应。一项关于具有特定健康声明的果汁中的异味的研究发现，即使知道了健康声明，消费者的喜好程度和消费可能性，也随着味道缺陷的严重程度而降低。即使是轻微的异味也不被消费者所认可。

调味品被添加到食品中有以下几个目的：①向原本平淡的产品赋予风味。②修改或补充现有的风味基础。③通过阻挡、掩蔽或以其他方式诱使味蕾不识别异味，来掩饰或掩盖不受欢迎的风味属性。

1.5.2　现代食品中添加香精香料的挑战性

现代食品中添加的活性成分可能会导致需要掩饰或减少的异味。例如，含有大豆蛋白的食物可能有许多人不喜欢的豆腥味。B 族维生素通常具有一种咸的肉质风味。许多功能性成分都是苦的。许多功能性食品含有各种草药，含有苦味、涩味和其他风味缺陷。矿物质配方可能会增加金属味。风味化学物质本质上都是具有反应性的。调香师知道这一点，可以在常规食物中进行补偿。

1.5.3 现代食品中添加香精香料的基本策略

1.5.3.1 基料的解决办法

最好消除/减少/掩蔽食品基料中的异味，使基料的风味尽可能中性。仅仅用香精来弥补口味缺陷是昂贵的，并且高含量的香精可能会导致其他缺陷。最好的做法是在基料使用高品质的成分，本身具有最小的风味缺陷。例如豆腥味低的大豆蛋白，或金黄色的车前子。另外，食品基料可以进一步通过加工以去除异味。如果在产品开发之初，就有一种异味出现，那么这个新产品注定将是失败的。同样的，完全无味的食品基料也会带来其他问题。因为产品口感不平衡和不添加其他风味组合物的情况下，很难通过产品自身的风味化学物质提供所有的风味。而在添加香精的情况下，必须使食品中的甜味、咸味和其他口味所产生的效果达到平衡。

1.5.3.2 终端产品的解决办法

选择加工条件以最大限度地减少风味缺陷（高热处理可能导致风味缺陷）也很重要。微生物污染也可能导致异味，应加以控制。如果苦味化合物无法避免，例如它们是碱或活性成分中固有的，则可以通过物理、化学或微生物/酶方法去除这些化合物。包埋，使有效成分可以递送，但不能在口腔中被品尝是一种物理解决办法。过滤可用于去除苦味化合物。一些不良风味物质可以通过化学手段（如氧化）被破坏或修饰。或者，这些化合物可以被酶或发酵破坏或修饰成非苦味的形式。例如，苦味化合物如果是具有碳水化合物部分的结合物（即糖苷化合物）的形式，分子可能被水解，苷元变得无味。混合可能是另一种选择。具有较高苦味含量的成分可以与较大数量的具有较低苦味含量的成分混合，以便最终产品具有可接受的味道。

（1）苦味阻断 Ley 回顾了阻止苦味的各种方法。一种方法是防止苦味分子接触味蕾。这包括可以覆盖舌头的脂肪和淀粉，以及可以隔离分子的环糊精，直到复合物溶解在胃的酸性环境中。一种更复杂的方法是利用防止与苦味受体结合的分子。有25种已确定的苦味受体类型，检测不同类别的苦味化合物的结构可以帮助我们确定其与哪种受体结合。这就导致了在食品中使用苦味阻断剂的问题。阻断剂必须特定地阻断食物中发现的苦味化合物的受体。如果阻断剂影响了错误的受体，它不会帮助产品消除苦味。此外，许多这些阻断剂不是食品级（它们主要用于药物）或非天然衍生，因此可能不适合全天然功能性食品。5′-单磷酸腺苷（AMP）能够减少苦味分子对味觉细胞的激活。一些香料和草药也可以减轻苦味，例如肉桂、孜然、生姜和红辣椒。由于苦味化合物种类繁多，通常没有一种苦味阻断剂是足够的。苦味阻断复合系统通常是在个案的基础上开发的，并且需要开发风味产品的技能和经验。

（2）异味掩蔽　掩蔽是添加香料以最大限度地减少异味的可行性办法。这些方法包括：通过提供其他感觉来调节味觉，通过与苦味受体竞争来抑制味觉，或者加重其他口味（味觉增强）。甜味通常足以掩盖苦味，因为苦味和甜味的受体在结构上是相似的。然而，仅仅添加更多的蔗糖可能不是解决办法，特别是对于膳食食品。可以使用低热量的高倍甜味剂（HIS），比如甘草甜素和新橙皮苷二氢查尔酮等。其他用于掩蔽的化合物包括常见的调味料麦芽醇和呋喃酮，如 4-羟基-2,5-二甲基-3(2H)-呋喃酮和甲基环戊烯醇酮（MCP），它们都与糖的热分解有关，以及一些氨基酸，如丙氨酸和甘氨酸。麦芽酚、香兰素和 MCP 都闻起来"甜"，也就是说，它们具有与甜食相关的香气（比如冰激凌、甜面包和枫糖糖浆）。添加到含有苦味成分的食物中，甜味香气会欺骗大脑忽略苦味成分。香兰素有一种令人向往的风味，并且非常善于使基料的味道圆润，改善食物的口感。商业产品中使用香兰素的一个例子是在天然零售糖替代品中使用香兰素。

1.5.3.3　香精香料的选择

许多香精产品是用风味化学物质调配制成的，由于专有原因，这些风味化学物质没有向客户披露。香精通常存在于载体中，例如油、丙二醇、乙醇或麦芽糊精，它们通常可向消费者公开，也可不向消费者公开，因为它们被认为是"加工助剂"或"附带添加剂"。对于用于增加水溶性或亲水应用的乳化香精也是如此。要采购香精，有必要让香料公司知道哪些成分是可接受的，哪些成分是不可接受的。所采购的香精取决于应用的对象和程序。水溶性或油溶性的香精液体是最受欢迎的，这取决于与食品基料的相容性。以乙醇为基础的液体香料对于需要加热的应用程序（如硬糖）来说是一个糟糕的选择。在载体上（麦芽糊精、盐、淀粉、葡萄糖等）包埋香料是一种为干燥产品提供香精的廉价方法，但不能保护香精免受环境影响，如挥发或氧化。喷雾干燥可更好地应用于制备固体香精，其成本较低，但产品损失较大。当产品需要水分散香精时，乳状液很受欢迎。口味强度、微生物稳定性和潜在的令人反感的成分可能是使用这些固体香精或乳化香精的进一步障碍。

1.5.3.4 加工中其他注意事项

香精必须与食品基质和加工工艺兼容。热加工不利于许多风味物质的保留，并且还可能导致基质的风味变化。例如，美拉德褐变反应可以增加甜味或刺激性风味。高温也可能会降解不饱和脂肪酸。在开放系统中添加香精需要允许风味物质的损失，因为大多数风味化合物是挥发性物质。柑橘口味在酸性环境中效果最好，巧克力在中性条件下效果更好。空气接触有可能增加香精和功能成分的氧化。

第二章
香与味之间的协同作用与机制

2.1　有关香与味相互作用的一些理论

嗅觉与味觉是与化学调节能力有关的感觉。其中，嗅觉可能是最古老的，在我们的大脑半球完全发育之前，嗅觉器官已经作为边缘系统的延伸而存在。嗅觉和味觉的研究很复杂，它包括芳香学、食品科学、生理学、行为心理学、认知神经科学、生物化学、分子生物学等。

一旦带有气味的空气进入鼻子，就会到达嗅觉神经元的纤毛，其中存在约1000 种特异性受体蛋白质。特定的嗅觉受体基因编码每种蛋白质。每种气味的分子都具有独特的化学和物理结构，使它们能够与特定的受体结合（所谓的"锁和钥匙"概念）。一旦分子结合，腺苷酸环化酶就会受到刺激，结果是一个电脉冲传递到位于嗅球中的二尖瓣细胞，并由轴突送到大脑的相关部位来识别。

气味会在特定的嗅球区域产生活化，具体取决于它们的特定化合物和时间。似乎嗅球使用类似于我们的"视觉模式识别"的机制来识别离散的气味。

与嗅觉系统类似，味道取决于舌头中特定细胞对不同味道的特异性识别。与嗅觉细胞不同，味道不是通过第七、第九和第十颅神经直接进入大脑。尚不清楚穿过这些神经的刺激是否相互竞争和相互补充，但刺激传递的尽头是大脑皮层，其中味道成为一种有意识的活动。微弱的气味和味道是相互一致的，它们加起来才是可识别的味道。

耶鲁大学神经生物学教授戈登 . M. 谢泊德（Gordon. M. Shepherd）在他的著

作《神经病学研究》中提到了"风味感知系统"和"味道行动系统"。研究成瘾（特别是药物和食物成瘾者）的科学家对这两个系统非常感兴趣。在对两者理解的基础上，食品工业创造了最令人上瘾和通用的食品：炸薯条（黄油味、咸味，松脆的感觉和声音，以及鲜艳的黄色）。业内人士知道，孩子喜欢甜和咸，而不是酸和苦。颜色可以增加人们吃的欲望。据说橙色和黄色会诱发食欲，因此被用于许多快餐店的装修风格。绿色、棕色和红色是食品行业中最常用的颜色，因为它们是天然存在的颜色，人们将它们与自然和健康联系起来。

2.1.1　嗅觉感受器和嗅觉的特点

嗅觉感受器位于上鼻道及鼻中隔后上部的嗅上皮，两侧总面积约 $5cm^2$。由于它们的位置较高，平静呼吸时气流不易到达。因此在嗅一些不太显著的气味时，要用力吸气，使气流上冲，才能到达嗅上皮。嗅上皮含有三种细胞，即主细胞、支持细胞和基底细胞。主细胞也称嗅细胞（图 2-1），呈圆瓶状，细胞顶端有 5～6 条短的纤毛，细胞的底端有长突，它们组成嗅丝，穿过筛骨直接进入嗅球。嗅细胞的纤毛受到存在于空气中的物质分子刺激时，有神经冲动传向嗅球，进而传向更高级的嗅觉中枢，引起嗅觉。

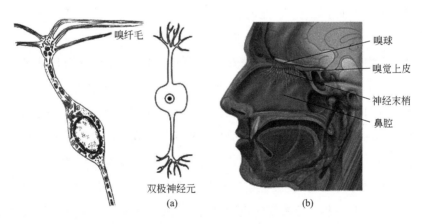

图 2-1　嗅细胞

不同动物的嗅觉敏感程度差异很大，同一动物对不同气味物质的敏感程度也不同。嗅上皮和有关中枢究竟怎样感受并能区分出多种气味，目前已有初步了解。有人分析了 600 种有气味物质和它们的化学结构，提出至少存在 7 种基本气味，其他众多的气味则可能由这些基本气味的组合所引起。这 7 种基本气味是樟脑味、麝香味、花草味、薄荷味、乙醚味、辛辣味和腐腥味。研究发现，大多数具有同样气味的物质，具有共同的分子基本结构和有特殊结合能力的受体蛋白，这种结合可通过G-蛋白而引起第二信使类物质的产生，最后导致膜上某种离子通道开放，引起Na^+、K^+等离子的跨膜移动，在嗅细胞的胞体膜上产生去极化型的感受器电位，后者在轴突膜上引起不同频率的动作电位，传入中枢。用细胞内记录法检查单一嗅细胞电反应的实验发现，每一个嗅细胞只对一种或两种特殊的气味起反应；研究还证明嗅球中不同部位的细胞只对某种特殊的气味起反应。嗅觉系统与其他感觉系统类似，不同性质的气味刺激有其相对专用的感受位点和传输线路。

2.1.2 味觉感受器和味觉的特点

味觉的感受器是味蕾，主要分布在舌背部表面和边缘，口腔和咽部黏膜的表面也有散在的味蕾存在。儿童味蕾较成人为多，老年时因萎缩而逐渐减少。每一个味蕾由味觉细胞和支持细胞组成（图 2-2）。味觉细胞顶端有纤毛，称为味毛，由味蕾表面的孔伸出，是味觉感受的关键部位。

舌表面不同部位对不同味道刺激的敏感程度不一样。对于人来说，一般是舌尖部对甜味比较敏感，舌两侧中部对酸味比较敏感，舌两侧前部对咸味比较敏感，而软腭和舌根部对苦味比较敏感。味觉的敏感度往往受食物或刺激物本身温度的影响。在$20 \sim 30^{\circ}C$之间，味觉的敏感度最高。另外，味觉的辨别能力也受血液化学成分的影响，例如，动物实验中正常大鼠能辨出 1：2000 的氯化钠溶液，而切除肾上腺的大鼠，可能是由于血液中低 Na^+，可辨别出 1：33000 的氯化钠溶液。因此，味觉的功能不仅在于辨别不同的味道，而且与营养物的摄取和内环境恒定的调节也有关系。

人和动物味觉系统可以感受和区分出多种味道，众多的味道是由 4 种基本的味觉组合而成的，这就是甜、咸、酸和苦。不同物质的味道与它们的分子结构的形式有关，但也有例外。通常 NaCl 能引起典型的咸味；甜味的引起与葡萄糖的主体结构有关；而奎宁和一些有毒植物的生物碱的结构能引起典型的苦味。有趣的是，这 4 种基本味觉的换能或跨膜信号的转换机制并不一样，如咸和酸的刺激要通过特殊化学门控通道，甜味的引起要通过受体、G-蛋白和第二信使系统，而苦味则由于物质结构不同而通过上述两种形式换能。和嗅觉刺激的编码过程类似，中枢可能通过来自传导 4 种基本味觉的专用神经通路上的神经信号和不同组合来"认知"这些基本味觉以外的多种味觉。

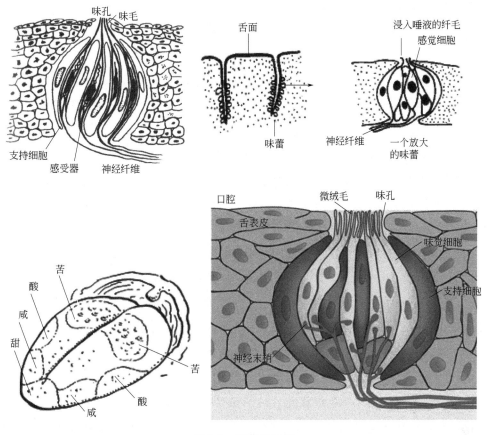

图 2-2 味蕾的结构

2.2 味觉与嗅觉

2.2.1 味觉

2.2.1.1 味觉的生理基础

食物的滋味是食品中可溶性呈味物质溶于唾液或是食品的溶液刺激口腔内的味觉感受器,再通过一个收集和传递信息的味神经感觉系统传导到大脑的味觉中枢,最后通过大脑的综合神经中枢系统的分析,从而产生味觉,或叫味感。口腔内的味觉感受器主要是味蕾,其次是自由神经末梢。味蕾是分布在口腔黏膜中极其活跃的微结构,具有味孔,与味神经相通。人的味蕾数目会随着年龄的增长而减少,对味觉的敏感性也随之降低。

2.2.1.2 味觉的生理基础

（1）呈味物质的结构 呈味物质的结构是影响味觉的内因。糖类如葡萄糖、蔗糖等多呈甜味，而酸类如柠檬酸、醋酸等多呈酸味，盐类如氯化钠、氯化钾等多呈咸味，生物碱、重金属盐等则呈苦味。

（2）温度 味觉一般在 10～40℃ 时较为敏锐，其中以 30℃ 最为敏锐。不同味觉受温度影响的程度也不同，温度对糖精甜度影响最大，对盐酸酸度影响最小。

（3）浓度和溶解度 一般来说，甜味在任何被感觉到的浓度都能给人带来愉快的感受，单纯的苦味在任何浓度差不多都是令人不快的，酸味和咸味在低浓度时会使人有愉悦感，而在高浓度会使人感到不快；呈味物质只有溶解后才能刺激味蕾，口腔内由腮腺、颌下腺、舌下腺以及无数小唾液腺分泌出来的唾液，是食物的天然溶剂。由于呈味物质只有在溶解状态下才能扩散至味觉感受器，进而影响味觉，因此味觉也会受呈味物质所在的介质影响。介质的黏度会影响可溶性呈味物质向感受器的扩散，介质性质会改变呈味物质的可溶性，或者改变呈味物质有效成分的释放。

（4）年龄、性别以及生理状况 对于 60 岁以下的人来说，味觉敏感性没有明显的变化，而年龄超过 60 岁的人，对咸、酸、苦、甜四种原味的敏感性会显著降低，造成的原因一方面是年龄增长到一定程度后，舌乳头上的味蕾数目会减少，另一方面则是老年人自身所患的疾病阻碍对味觉感觉的敏感性；性别对味觉的影响差异不大，对咸味和甜味来说，女性比男性敏感，而酸味则是男性比女性敏感；身体罹患某些疾病或是发生异常时，会导致失味、味觉迟钝或变味；人在饥饿状态下会提高味觉敏感性，而饱食状态则会使味觉敏感性下降，一方面是摄入食物满足了生理需求，另一方面是饮食过程造成的味觉感受器产生疲劳导致味觉敏感性降低所致。

2.2.2 嗅觉

嗅觉主要是指食品中的挥发性物质刺激鼻腔内的嗅觉神经细胞而在中枢神经中引起的一种感觉。嗅觉是一种比味觉更复杂、更敏感的感官现象。

嗅觉立体化学理论：由 Amoore 提出，该理论认为，不同物质的气味实际上是有限几种主导气味的不同组合，而每一种主导气味可以被鼻腔内的一种相互各异的主导气味受体感知。

嗅觉振动理论：由 Dyson 提出，该理论认为嗅觉受体分子能与气味分子发生共振。

嗅觉特点：

① 敏锐 人的嗅觉相当敏锐，一些气味化合物即使在很低的浓度下也会被感知。

② 易疲劳与易适应 当嗅觉中枢神经由于一些气味的长期刺激而陷入负反馈状态时，感觉便受到抑制而产生适应性；嗅觉细胞易产生疲劳而对特定气味处于不敏感状态；当人的注意力被分散时会感觉不到气味，而长时间受到某种气味刺激便对该气味形成习惯等。

③ 个体差异大 不同的人嗅觉差别很大，即使嗅觉敏锐的人也会因气味而异。

④ 阈值会随人身体状况变动 当人的身体疲劳或营养不良时，会引起嗅觉功能降低；人在生病时会感到食物平淡不香；女性在经期、孕期或更年期时可能会发生嗅觉减退或过敏现象等。这都说明生理状况对嗅觉有明显影响。

嗅觉分类（由 Amoore 提出）：樟脑臭、醚臭、花香、麝香、薄荷臭、刺激臭（辛臭）、腐败臭。

2.3 香与味协同作用引起的风味增强

香与味的协同作用也就是指嗅觉器官与味觉器官的协同作用，即嗅觉与味觉的协同。味包括酸、甜、苦、辣、咸五味以及鲜味这一综合味感。常见的味觉现象包括增强、对比、掩盖、疲劳、变味等。味觉易受到各种各样因素的影响，如物质结构、温度、浓度、溶解度以及人体健康状况等。嗅觉是通过长距离感受化学刺激的感觉，味觉相对于嗅觉是一种近距离的感觉，二者会相互作用、协同活动，对不同的食物作出不同的反应。人在生病的时候嗅觉会变得不灵敏甚至消失，这时味觉也会受到影响，品尝食物时会感到味道淡甚至尝不出味，这会严重影响人的食欲。这说明嗅觉与味觉二者紧密联系、密不可分，在一定程度上，嗅觉与味觉的协同作用会使得人类对食品风味的感受更加强烈。

由于味觉和嗅觉在解剖学和生理学上是截然不同的实体，味觉和嗅觉被认为是可以独立处理输入信息的两种模式。然而，越来越多的证据表明味觉和嗅觉的相互作用密切，这支持了统一的可感知口腔中食物的感觉系统（风味系统）的存在。虽然我们最近才开始了解味觉和气味相互作用的神经基础，但心理生理学家长期以来一直在寻找味觉和鼻后嗅觉相互作用的知觉现象和潜在条件。

关于这种相互作用的第一个心理物理学研究可以追溯到 Murphy 和 Cain、Murphy、Cain 和 Bartoshuk 的研究，他们测量了味觉和鼻后气味感知强度的潜在叠加性。研究结果表明，滋味-气味混合物的强度近似于综合味觉和嗅觉的强度。他们还认识到，受试者将相当程度的味觉大小归因于只含有气味的溶液。他们将这一观察结果解释为鼻后气味与味觉混淆，从而导致口腔定位错误。Murphy 和 Cain 认为，这种"错觉"可能是通过皮肤刺激介导的，其方式类似于将热感觉错误地转移到伴随触觉刺激的位置。Rozin 后来讨论了将鼻后气味的感知转移到口腔是味觉的重要组成部分。与此同时，Frank 和 Byram 对 Murphy 和 Cain 的研究进行了跟进，他们报告说，某些气味实际上可以增强味觉的强度（例如，蔗糖的甜味被草莓的气味增强，而不是花生酱的气味）。其他研究人员也曾报道过通过鼻后气味来增强味觉的现象，他们将这种现象解释为味觉和气味之间感知互动的结果。其他研究人员报告说，味觉也可以增强鼻后气味（通常被称为"风味"）。

为了阐明味觉和鼻后气味是否相互作用，如果是，在何种程度上相互作用，Lim、Fujimaru 和 Linscott 对上述研究进行了跟进，并报道了产生味觉与气味相互作用两种感知现象的条件：味觉增强鼻后气味和鼻后气味转移到口腔。为了测试味觉和味觉增强的可能性，研究者们使用了一种心理物理方法，在每次测试试验中都为受试者提供所有可能的反应类别。结果表明，味觉对鼻后气味的增强是一致的，具有统计学意义，而嗅觉对味觉的增强是不一致的，一般较弱。更有趣的是，所有测试气味刺激源（即柠檬醛、香兰素、呋喃酮、樱桃味）被选择性地增强，但没有其他滋味（例如柠檬酸、食盐），表明存在一个与营养物质摄入具有协同作用的味道可能是发生气味增强的必要条件。同时，研究者们还调查了长期以来的推测，即鼻后气味转移感知是通过口腔中的触觉刺激介导的，通过使用一种心理生理学方法，使人们能够在味觉和/或触觉刺激的存在和/或不存在的情况下，同时传递鼻后气味。最近的研究结果相当令人惊讶，因为与长期以来的假设相反，触觉刺激本身似乎并没有促进鼻后气味转移感知到口腔。相反，这又存在一种与人的基本味觉相符的、与营养物质摄入具有协同作用的味道（如蔗糖与香兰素，氯化钠与酱油味），增加了气味转送到口腔的程度，即蔗糖会增强香兰素的香气感受，氯化钠会增强酱油的香气感受。这些研究结果证实了最近的跟进研究，即存在某种适宜的食物，其质构不会增加鼻后气味的感知，但符合人的味觉习惯的某种味道或一些味道的混合物（如蔗糖、柠檬酸、柠檬醛及其混合物）会显著增强鼻后气味转移到口腔和舌头感知的程度。

综合起来，Lim、Fujimaru 和 Linscott 最近的研究结果表明，感知上一致的味道和气味（即味觉和嗅觉通常在食物中同时出现，因此成为相关的）是味觉和口腔鼻后气味增强的必要条件。同样重要的是，最近的转介研究表明，味觉和气味之间的一致性程度可能会调节口腔转介气味的程度。然而，在相关的研究中，没有一项是直接测量味觉-气味一致性的程度，而是假设一些配对是一致的，而另一些则不是。因此，Lim、Fujimaru 和 Linscott 旨在通过测量味觉和气味之间的一致性程度，并直接将其与气味增强和气味传入口腔的程度进行比较，来验证一致性假说。

2.3.1　气味定位任务

在收集数据之前，所有受试者都接受了气味定位任务的一步一步的指导，然后进行了两次香兰素作为气味剂的实践试验。在每次练习中，受试者都被要求张开嘴巴，并把吸管放进嘴里。当嘴张着的时候，实验者在舌头上放置一个一次性的吸管，里面含有 1 毫升的味觉刺激物（蔗糖或者去离子水）。然后受试者闭上嘴，开始通过吸管吸气，并以正常的呼吸速度通过鼻子呼气。在受试者开始吸气后，研究人员立即将味觉刺激注入舌头，并迅速收回吸管。受试者被告知在这段时间内不要吞咽刺激物或停止呼吸。经过两次完整的呼吸，受试者呼出了刺激物。受试者的任务是口头报告他或她感知到"香草"气味的位置（鼻子、口腔、舌头、喉咙）。他们强调，"香草"味可能在一个位置、多个位置被感知到，或者根本没有，而且必须在预期刺激之前做出决定。研究人员还强调，研究对象的任务是报告在哪里闻到了"香草"味，而不是甜味、咸味、酸味和苦味等其他味道。

实验结束后，每名受试者接受由 3 个测试块（即柠檬醛、"甜"咖啡和"苦"咖啡）组成的感官评价。气味块的顺序在受试者之间随机进行平衡，每个受试者用 3 分钟的休息时间将气味块分开。在每个气味块中，共有 6 个实验，实验对象在蒸汽相中对给定的气味进行采样，同时品尝 1 毫升的味觉刺激或去离子水。受试者的任务是再次口头报告他们在有无味觉刺激的情况下感觉到柑橘或咖啡气味的位置。在每个气味块内，5 种味觉刺激和去离子水的呈现顺序完全随机。受试者在试验间隔 1 分钟内用去离子水 （37℃±0.5℃） 漱口至少 3 次。在每个气味块内，在气味传递装置中使用相同的气味刺激连续 6 次试验。然而，为了避免受试者意识到相同的样品被重复使用了多次，在每次试验后，将设备从搅拌盘中取出，然后用一根新的吸管重新放置。之前的研究结果表明，受试者对气味定位任务的反应在重复测量中是一致的，在统计学上是可靠的，所以本研究没有进行多次重复测量。

2.3.2　一致性评级的方法

受试者在不同的一天回到实验室，以获得 15 对味觉气味的一致性程度。再次，将 3 个测试用气味块分别进行评估，并将气味块的顺序随机化，在受试者之间进行平衡。在每个区块中，共有 5 个实验，其中 5 个味觉刺激以随机顺序呈现。在每个实验中，都有 1 毫升的味觉刺激放在受试者的舌头上，品尝 3 秒。呼出后，通过吸管吸入气相，通过鼻子呼出，对气味传递装置中的气味刺激进行采样。注意，味觉和气味刺激之间的采样顺序在受试者之间是平衡的；一半的被试者先体验味道刺激，再体验气味刺激，另一半先体验气味刺激，再体验味道刺激。在味觉和气味刺激之间不允许冲洗，而且每个受试者在整个过程中使用相同的采样顺序。实验对象的任务是用计算机屏幕上的视觉模拟量表 （VAS），评估他们认为在现实生活中，来自随后两种刺激的感觉同时被体验的常见程度。受试者在试验间隔 1 分钟内用去离子水 （37℃±0.5℃） 反复冲洗。

2.3.3　味觉和气味的相互作用

目前的结果证实并扩展了 Lim 等人之前的发现。尽管在不同程度上，这种一致性在味觉和嗅觉的相互作用中都扮演着重要的角色：通过味觉向口腔传递气味和通过味觉增强嗅觉。首先，目前的数据证实了味觉和气味的一致性对于发生口腔鼻后气味转移的重要性。在之前的研究中，受试者使用气味传递装置或实际的食物系统。两项研究的结果都表明，测试食物的气味（即香草味、柠檬味、酱油味、鸡肉味），当被认为是一种一致的味道同时出现在口腔或舌头上时，它们更容易被定位到口腔或舌头上。此外，不同的气味对嗅觉的影响程度也不尽相同。为了证实研究人员早期的发现和观察，在目前的研究中，研究者要求受试者对气味和味道的一致性程度进行评分，并将评分直接与推荐气味的一致性程度进行比较。结果表明，只有当每种测试气味在口腔中同时存在高度一致的味道时（例如，为测试柠檬醛的气味，采用了蔗糖/甜味、柠檬酸/酸味、蔗糖＋柠檬酸/酸甜味三种高度一致的味道），才会显著增加鼻后气味的转导程度。

其次，大量的研究结果表明，即味觉-气味一致性是鼻后气味增强发生的必要条件，但不是充分条件。虽然柠檬酸的酸味和咖啡因的苦味被评为与柠檬醛和咖啡的气味相当一致，但柠檬酸和咖啡因未能提高柠檬醛和咖啡的气味。这些结果与研究人员先前的调查结果高度一致，除蔗糖以外，其他味觉刺激都不能显著增强各种甜味食物气味的感知强度。这一事实表明，味觉的"营养"状态可能是鼻后气味增强的另一个要求。换句话说，我们有理由认为，只有那些能反映大量营养素（如碳水化合物、钠、氨基酸）存在的味道，才有可能增强感知上与其一致的气味，即所谓的营养口味假说。此外，最近的一项研究调查了5种基本口味与奶酪香味之间的感官相互作用，结果表明蔗糖、食盐和味精（虽然程度较轻）显著增强了奶酪的味道强度，而乳酸和咖啡因抑制了这种强度。

2.3.4　气味转导

长期以来，将鼻后气味转移到口腔被认为是味觉的一种基本现象。然而，直到最近几年，研究者们才开始了解这种现象背后的刺激条件和感觉机制。首先，正如心理物理学和神经影像学研究所示，在没有味觉或躯体感觉刺激的情况下，可以发生鼻后气味转导。口腔中触觉刺激本身的存在并不一定会增加气味转导的程度。

味觉和嗅觉的输入结合在一起产生一个统一的感知（即味道"绑定"），也得到了功能神经成像研究的支持。研究表明，味觉和食物气味的一致性（如甜味/香草味）的结合会使"味道"皮层（如岛叶前部、眶额皮质）产生更大的激活，即由味觉和嗅觉成分分别呈现的激活量之和。这种神经激活的超加性只发生在一个双峰同余对上，而不是一个不同余对上，这一事实表明，味觉和嗅觉之间的神经收敛性可能是由鼻后气味传入口腔的表现。这一事实也可能意味着味道成分之间的联想学习在气味反应神经元的发育过程中扮演着重要的角色，并作为味觉和气味融合的结果。

2.3.5　味觉增强

气味增味现象已引起科学界的广泛关注。而味觉和气味之间的一致性（或知觉相似性）通常被认为是味觉增强发生的必要条件，对于这一现象的潜在机制和潜在含义一直存在一些混淆。似乎至少有几种不同的方法可以产生这种效果。第一是"倾销"效应。弗兰克和他的同事们报告说，当心理物理评估任务缺乏对气味的合适反应类别时，甜味的增强会大量发生。然而，当研究对象被要求评价一个适当的气味属性（如水果味）时，甜味味觉对甜味气味的增强为零。这意味着在缺乏相关属性的情况下，味觉评分的膨胀应被视为一种反应偏倚。第二，味觉增强可以通过味觉和气味之间的认知联系来实现。气味剂可以通过学习联想获得味觉类特质（如香草的"甜"味、沙丁鱼的"咸"味），尽管它们本身并不能引出可感知的味觉。因此，当被试者被要求评价时，他们通常会评价同味气味组合的味觉强度比单独评价高。然而，重要的是要注意口味的变化，味觉增强的程度往往不会超过气味本身的味觉强度。此外，在上述大多数研究中，受试者被要求评价味觉的强度，而不是气味的质量。

最后，在一些研究中，包括 Lim 等人之前和现在的实验中，所有相关的属性都被评分，味觉增强的效果似乎在测试的刺激中普遍较弱且不一致。例如，Labbe 等人（2006）研究表明，添加可可和香草调味料分别能增加可可饮料的苦味和甜味，而在添加咖啡因的牛奶中，添加香草调味料并不能增强甜味强度。综上所述，气味增强味觉的发生和程度似乎在很大程度上取决于气味刺激与味觉刺激之间的一致性程度，即在联想学习中应用于受试者的感知策略，测试程序/系统的熟悉程度，以及提供给受试者的反应选择。

2.3.6 气味增强味觉的判断方法

当我们测量两种增强方式时，通过调查问卷来增强潜在食物的协同作用。为了评估所有可能的味道和气味属性的促味剂和增味剂，在大量目前和以往的研究中，苏克罗斯的反鼻气味增强现象是明显和可靠的。研究表明，气味增强在很大程度上独立于所测试的刺激（各种甜味一致的气味）、所使用的刺激介质（水溶液与实际食物），以及所采用的测试方案（小口和唾液对气味传递装置的使用）。特别是后者的研究，也排除了蔗糖和挥发物之间的物理化学相互作用（如"盐析"效应）在这一现象中起作用的可能性。同样值得注意的是，当感觉气味较弱时，鼻后气味增强的程度更大。

这些发现提出了一个有趣的问题：什么样的感觉机制在蔗糖增强鼻后气味的现

象中起作用。柠檬醛和咖啡的气味都不被认为是甜的。在美国，对两种气味的甜味评级几乎都是"没有感觉"的，并不支持气味增强是味觉和气味质量混淆的结果的观点。相反，现在和以前的数据一起指出了其他可能性。首先，一致性是一个必要条件的发现意味着，与气味转导相似，味觉和气味的一致性同时发生触发的中枢神经机制在鼻后气味增强中发挥作用。其次，苏克罗斯发现，只有与"营养物质摄入相关"的味道才可能会导致增强。通过增加味道的显著性，气味增强可能有助于识别营养物质的潜在来源及其代谢结果。正如味道是食物中营养成分的信号一样，食物的气味（或味道）提供了一种独特的身份，使我们能够识别并将其与食物及其代谢结果联系起来。与营养物质摄入相关的味道可能会增强气味感知能力的假设，最近得到了神经影像学研究的间接支持。这表明，气味感知与它们的生理意义相关，而气味增强是这种关联的一种表征。

2.4 味觉、风味和食欲

2.4.1 味觉

味觉是指口中的物质与味觉受体细胞相互作用而产生的一种生理感觉，食品中可溶性呈味物质溶于唾液或是食品的溶液刺激口腔内的味觉感受器，再通过一个收集和传递信息的味神经感觉系统传导到大脑的味觉中枢，最后通过大脑的综合神经中枢系统的分析，从而产生味觉，或叫味感。

2.4.2 风味

风味是指食物摄入口中前后所产生的一种感觉，这种感觉是由口腔、鼻中的味感、嗅感、触感及温感所产生的综合感觉。

2.4.3 食欲

食欲是指一种支配摄食和选择食物的生理心理因素。常与饥饿感混淆，但二者有明确的区分。饥饿是由于长时间缺少食物而产生的生理上的主观感觉，一般是不舒服，甚至是痛苦，从而迫不及待地要获得食物。食欲与饥饿感相伴随，或是饥饿感的前奏，却比较平和，有时甚至带着一丝欣慰，心中想着某种美味的食物。有选择性，针对某种食物，有时可以由食物的刺激特性，如色、香、味和口感而引起。如在不想吃东西时，偶然尝到可口的食物，会产生食欲。

2.4.4 三者关系

① 食物的摄入受食物的色、香、味和口感等各种因素影响，巴甫洛夫指出"食欲即消化液"，假若食物香气外散、适口性好，人类会对这种食物产生反应。

② 气味刺激在感知食物的味道方面发挥了重要作用，食物散发出的气味可以引起人们的食欲，从而诱发唾液和胃酸分泌以及胰岛素的释放。令人愉悦的食物气味能够让人产生相应的生理反应，即具有刺激食欲的能力；反之，令人不愉悦的食物气味则可能使食欲下降。

③ 不同的生活习惯、文化背景造就了人对食物摄入选择的不同，在味觉感知程度上也因人而异，也就是说，除了生理上的需要之外，还要考虑心理的感受，即人类主观层面对食物风味感受的影响。如榴莲、臭豆腐等食物，由于不同人对该类食物的喜好程度不同，其风味能够引起食欲的程度也有所不同。饥饿程度也是影响因素之一。

④ 风味增强剂的作用即是用"香"或"味"刺激嗅觉和味觉器官，再由大脑发出指令，促进消化液分泌和肠胃蠕动，产生食欲，发生摄食行为，起到增加食欲的作用。而产生食欲的前提是该个体会对"香"或"味"在主观上产生相应的生理反应。

总而言之，令人愉悦的食物风味会使人产生食欲，而不同个体的味觉偏好不同，风味增强剂则可以根据不同个体的味觉感知差异以及主观偏好来生产出令人产生食欲的食物。

2.5 风味增强剂及其衍生物

2.5.1 风味增强剂

风味增强剂主要指一些能强化可口的味道属性的物质。广义上指一类能赋予食品刺激味觉和嗅觉受体产生风味感受生理综合效应的食品添加剂。狭义上指赋予食品刺激味觉受体的呈味物质，不包括刺激嗅觉的如香料一类物质。在中国食品添加剂分类中被列为增味剂（或鲜味剂），只指补充或增强食品原有风味的物质。鲜味是一种复杂的综合味感，当鲜味剂的用量达到阈值时，会使得食品鲜味增加；但是用量少于阈值时，仅仅表现为风味的增强，可以提高食品总的味觉强度，优化整体味感，增强食品风味的持续性、口感性、温和感、浓厚感等特征。鲜味是东方食品界的概念，欧美将鲜味剂称作风味增强剂，简称增味剂。

传统的风味增强剂包括谷氨酸及其盐类、鸟苷酸及其盐类、肌苷酸及其盐类、核苷酸及其盐类、甘氨酸及其钠盐、麦芽酚、乙基麦芽酚和 L-亮氨酸等。按来源分，分为天然风味增强剂和化学合成风味增强剂。天然风味增强剂中有微生物源天然风味增强剂、动物提取风味增强剂、植物提取风味增强剂等。化学合成风味增强剂是由氨基酸、味精、核苷酸、有机酸、甜味剂、无机盐等各种具有不同风味增强作用的原料经过科学方法组合、调配、制作而成的调味产品。

2.5.2　风味增强剂衍生物

在 2010 年召开的核苷酸及其衍生物开发与应用技术交流研讨会上，对核苷酸系风味增强剂在肉制品中的应用进行了讨论。奶制品中，麦芽酚和乙基麦芽酚的应用较为广泛，王勃利用微胶囊技术来延缓奶糖香味挥发，并利用乙基麦芽酚来增强奶味。在饮料中，风味增强剂的应用也较多，主要是用于提高饮料的特征风味，改善口感，降低成本，徐乐三等将猴头菇与酿造酒醅混合发酵，用以生产具有独特风味的黄酒。Kunieda 等将香草提取物应用到饮料中，用于改善饮料的味感和丰富度。Jonathan 等利用茶叶提取物作为天然风味增强剂添加到绿茶饮料中，来增强绿茶的风味。

2.6　风味生理学

研究发现，气味和味道是由 G 蛋白偶联受体（G-protein-coupled receptors，GPCR）传递的。首先，对于气味传递来说，当气味分子激活位于鼻腔中与嗅觉受体细胞相联结的细胞膜上的气味受体，嗅觉受体首先激活它所联结的 G 蛋白质，G 蛋白质再刺激细胞内产生第 2 信使环单磷酸腺苷（cAMP），之后激活离子通道，使其打开或者关闭，最终将有关气味的信息传递到大脑。而味道的感知是溶解于唾液中的味觉剂作用于味觉细胞微绒毛上的味觉受体后，经过细胞内信号转导使细胞膜去极化、神经递质释放，再由突触传入神经纤维，把兴奋信号传递给皮层下中枢，经过皮层下中枢的信号整合而实现的。GPCR 是最大的蛋白质受体家族之一。人类基因组中约有 1200 个基因属于 GPCR，它们将各种细胞外信号，如光、生物胺、肽类、糖蛋白、脂类、核苷酸、离子、蛋白酶、生长因子、化学趋化剂、神经递质、激素、气味及味觉配基等，跨膜传递到细胞内的效应分子，引起细胞内的一系列变化，调节各种生理过程。

2.6.1 甜味

呈甜机理（夏氏学说）：甜味化合物的分子结构中存在一个能形成氢键的集团—AH，叫质子供给基，如—OH、—HN$_2$ 等；同时还存在一个电负性的原子 B，叫质子接受基，如 O、N 原子等，它与基团—AH 的距离在 0.25～0.4nm；甜味物质的这两类基团还必须满足立体化学要求，才能与受体的相应部位匹配。在甜味感受器内，也存在着类似的 AH/B 结构单元，其两类基团的距离约为 0.3nm，当甜味化合物的 AH/B 结构单元通过氢键与甜味感受器内的 AH/B 结构单元结合时，便对味觉神经产生了刺激，从而产生了甜味。

2.6.2 酸味

呈酸机理：目前普遍认为，H$^+$ 是定位基，阴离子 A$^-$ 是助味基。定位基 H$^+$ 在受体的磷脂头部相互发生交换反应，从而引起酸味感。在 pH 相同时，有机酸的酸味之所以大于无机酸，是由于有机酸的助味基 A$^-$ 在磷脂受体表面有较强的吸附性，能减少膜表面正电荷的密度，亦即减少了对 H$^+$ 的排斥力。二元酸的酸味随着碳链的延长而增强，主要是由于其阴离子 A$^-$ 能吸附脂膜的内氢键环状螯合物或金属螯合物，减少了膜表面的正电荷密度。

2.6.3 苦味

呈苦机理如下。

（1）空间位阻学说 Shallenberger 等认为，苦味与甜味一样也取决于刺激物分子的立体化学，这两种味感都可由类似的分子激发，有些分子既可产生甜味又可产生苦味。

（2）内氢键学说　Kubota 在研究延命草二萜分子结构时发现，凡属有相距 0.15nm 的内氢键的分子均有苦味。内氢键能增加分子的疏水性，且易和过渡金属离子形成螯合物，合乎一般苦味分子的结构规律。

（3）三点接触学说　Lehmann 的论点与 Shallenberger 基本相同，仅以苦味剂的第三点，与甜味剂的方向相反代替 Shallenberger 的空间位阻。Lehmann 发现，有几种 D-型氨基酸的甜味强度与其 L-异构体的苦味强度之间有相应的直线关系。

（4）诱导适应学说

① 苦味受体是多烯磷脂在膜表面形成的"水穴"，它为苦味物质和蛋白质之间的偶联提供了一个巢穴。同时肌醇磷脂（PI）能通过磷酰化生成 PI-4-PO_4、PI-4,5-$(PO_4)_2$ 后，再与 Cu^{2+}、Zn^{2+}、Ni^{2+} 结合，形成穴位的"盖子"。苦味分子必须首先推开盖子，才能进入穴内与受体作用。这样，以盐键方式结合于盖子的无机离子便成为分子识别的监护，当它一旦被某些过渡金属离子置换后，味觉受体上的盖子便不再接受苦味物质的刺激，产生了抑制作用。

② 由卷曲的多烯磷脂组成的受体穴可以组成各种不同的多极结构而与不同的苦味物质作用。

③ 多烯磷脂组成的受体穴有与表蛋白粘贴的一面，还有与脂质块接触的更广方面。

与甜味物质的专一性要求相比，对苦味物质的极性基位置分布、立体方向次序等的要求并不很严格。凡能进入苦味受体任何部位的刺激物会引起"洞隙弥合"，通过盐桥转换、氢键的破坏、疏水键的生成等作用方式改变磷脂的构象，产生苦味信息。

2.6.4　咸味

呈咸机理：阳离子（Li^+、Na^+、K^+、Ca^{2+}、Mg^{2+}）产生咸味，NaCl 和 LiCl 是典型咸味的代表。阴离子（Cl^-、I^-）抑制咸味，氯离子本身并无味道，对咸味抑制最小。较复杂的阴离子不但抑制阳离子的味道，而且它们本身也产生味道。咸味的产生虽与阳离子和阴离子互相依存有关，但阳离子易被味觉感受器的蛋白质的羧基或磷酸基吸附而呈咸味。因此咸味与盐离解出的阳离子关系更为密切，而阴离子则影响咸味的强弱和副味，也就是说阳离子是盐的定位基，阴离子则为助味基。

2.6.5　鲜味

呈鲜机理：鲜味的通用结构式为 $O^- —(C)_n—O^-$，$n=3\sim9$，也就是说，鲜味分子需要有一条相当于 $3\sim9$ 个碳原子长的碳链，而且两端都带有负电荷，当 $n=4\sim6$ 时鲜味最强。脂链不限于直链，也可以是脂环的一部分，其中 C 可以被 O、N、S、P 等取代。

2.5.6　辣味

呈辣机理：辣椒素、胡椒碱、花椒碱、生姜素、丁香油酚、大蒜素、芥子油等都是双亲性分子，其极性头部是定位基，非极性尾部是助味基。大量研究资料表明，分子的辣味随其非极性尾链的增长而加剧，以链长为 9 个碳原子左右时达到最高峰，然后陡然下降，称之为 C9 最辣规律。

2.6.7　其他味感

清凉味：由一些化合物对鼻腔和口腔中的特殊味觉感受器刺激而产生的味感。典型的清凉味如薄荷风味。

涩味：当口腔黏膜蛋白质被凝固时，就会引起收敛，此时感到的滋味便是涩味。涩味不是由于作用味蕾所产生的，而是由于刺激触觉神经末梢所产生的，表现为口腔的收敛感觉和干燥感觉。引起食品涩味的主要化学成分是多酚类化合物，其次是铁金属、明矾、醛类、酚类等物质，有些水果和蔬菜中由于存在草酸、香豆素和奎宁酸等也会引起涩味。多酚的呈涩作用与其可同蛋白质发生疏水性结合的性质直接相关，如单宁分子具有很大的横截面，易于同蛋白质分子发生疏水作用，同时它还有许多能转变为醌式结构的基团，也能与蛋白质发生交联反应。一般缩合度适中的单宁都有这种作用，但缩合度过大时因溶解度降低而不再呈涩味。

金属味：由于与食品接触的金属与食品之间可能存在着离子交换关系，存放时间长的罐头食品中常有一种令人不快的金属味。

2.7 食用色素及其对味觉/风味感知的影响

2.7.1 食用色素种类

食用色素按其来源主要分为食用天然色素和食用合成色素。目前，中国 GB 2760—2014《食品添加剂使用标准》中规定，可应用于食品中的色素有 67 种，其中合成色素为 11 种，天然色素为 56 种。

食用天然色素主要是指从动物、植物组织和微生物中提取的色素，其中绝大部分来自植物组织，特别是水果和蔬菜（如叶绿素、姜黄色素、茶黄色素、番茄红素等），还包括微生物色素（如红曲色素等）和无机色素（二氧化钛、氧化铁红等）。食用天然色素的使用历史悠久，使用范围广，且多数是食品原料，安全性高。然而，天然色素成本较高，保质期短；着色易受金属离子、水质、pH 值、氧化、光照、温度的影响，一般较难分散，染着性、相容性较差，牢固度较差。这些缺点限制其广泛应用。

食用合成色素主要是通过化学合成制得的有机色素，通常可分为偶氮类色素和非偶氮类色素。

此外，按溶解性又可分为油溶性色素和水溶性色素。油溶性色素毒性较大，现在各国基本不再用于食品着色，世界各国允许在食品中使用的合成色素几乎都是水溶性色素。

2.7.2 食品颜色对味觉/风味感知的影响

食品的颜色是食品主要的感官质量指标之一，人们在接受食品的其他信息之前，往往首先通过食品的颜色来判断食品的优劣，从而决定对某一种食品的"取舍"。因为食品的颜色直接影响人们对食品品质的判断。

① 食品的颜色可以刺激消费者的感觉器官，并引起人们对味道的联想。如红色给人以味浓成熟和好吃的感觉，而且它比较鲜艳，引人注目，是人们普遍喜欢的一种色泽。

② 颜色可影响人们对食品风味的感受。如人们认为红色饮料具有草莓、黑莓和樱桃的风味，黄色饮料具有柠檬的风味，绿色饮料具有酸橙的风味等。因此饮料

生产过程中，常把不同风味的饮料赋予不同的符合人们心理要求的颜色。

③ 颜色鲜艳的食品可以增加食欲。如红色的苹果、橙色的蜜橘、黄色的蛋糕和嫩绿的蔬菜都给人新鲜的感觉，而一些腐败变质的食品颜色会使人产生厌烦的感觉，因此一些不太鲜亮的颜色给人的印象一般不好。即使是同一种颜色，用在不同食品上也会有不同的效果，如人们可以接受紫色的葡萄汁却难以接受紫色的牛奶。

宾夕法尼亚州立大学的研究者们发表在《食品质量与偏好》（Food Quality and Preference）期刊上的文章显示，食品或饮料的颜色可以影响其味道。"饮料的颜色可以影响我们判断它的味道怎样，"John E. Hayes，宾州州立大学感官评价中心的主任和食品科学系的副教授说，"例如，黄色通常与呈酸味的饮料联系在一起，就像柠檬汽水一样，而红色通常和甜味有关联，例如西瓜汁或运动饮料。"另外，研究者们想知道人们为什么喜欢苦味的食物和饮料。如果存在不同类型的苦味特征，为什么有人喜欢咖啡的苦味而不喜欢巧克力的苦味。

"苦味意味着毒性，但人们仍然喜欢咖啡、巧克力和印度淡色啤酒，"Molly J. Higgins，食品科学系的一名博士研究生说，"为什么人们喜欢一些苦味物质而不是其他呢？"

为了验证他们的假设，研究者们需要看他们是否教会人们将具体的味道和具体的颜色联系起来。研究小组配置了尝起来苦、甜和咸的味道，它们相互配伍，具有唯一的颜色。为了避免预先知道颜色-味道的配伍信息，他们没有将黄色和酸或红色和甜配在一起。配制好这些不同颜色和味道的溶液，研究者们让受试者品尝了4轮具有不同味道的有色液体，然后又让受试者们品尝了无色液体，然后让他们选择一种颜色和这些无色液体的味道匹配。受试者将正确的颜色和味道匹配的成功率高达59%，显著高于25%的随机配对的成功率。

在证明了颜色可以影响味觉之后，研究者们测试了人们是否可以区分三种不同的苦味——咖啡因、奎宁和啤酒花提取物四氢萘酮。研究小组以新的受试者组成的小组来重复上面的试验，同时赋予每种苦味物质独一无二的颜色。经过四轮的测试，受试者不能将颜色和相应的苦味物质匹配，这个概率并不比预期的好。"这个发现说明一些人会对颜色-味觉相关性很敏感，但也有人对这种变化或者新的颜色-味觉联系不敏感，"Higgins说，"这意味着食品工业里，如果一个公司要发售一个有色的新口味的产品，一些消费者可能不会敏感，或不会接受一种新的颜色和风味。"

2.8 味觉调控及其对饮食方式变化的影响

2.8.1 味觉调控

味觉是动物在自然界里进行的产物，它可以很好地确定食物是否有毒以及是否可食。味觉包括对酸、甜、苦、咸、鲜及其混合的味道的感觉，是通过味觉系统中的味觉受体（TR）感受。每个味觉细胞仅有一个 TR 群，50～120 个味觉细胞组成一个味蕾，每个味蕾基本可以辨别不同的味道。味蕾的形状为叶状、环状和蘑菇状，蘑菇状主要分布在舌前部，叶状味蕾主要在舌头两侧、背面，咽喉处主要为环状味蕾。不同的 TR 的信号传导、生理调节、基因表达等都有所不同。

甜味受体：因甜味物质的不同，甜味分子与甜味受体的结合区域以及传导路径都有所不同，如蔗糖等非蛋白甜味剂在甜味受体的捕蝇器模块结合，而蛋白甜味剂在半胱氨酸富集区结合。

鲜味受体：鲜味是一些氨基酸和谷氨酸与味觉受体（TR）或受体 mGluR4 结合，经细胞内的化学反应变为电信号，电信号传至孤束核神经后再传至大脑皮质上的味觉感应区进行处理的结果。

苦味受体：苦味分子与细胞之外 T2R 的部分结合后，信息沿着 T2R 穿过细胞质进入细胞内，此时细胞内的 G 蛋白家族中的 α-传导蛋白和 α-味蛋白被激活，进而启动磷酸二酯酶，降低细胞内的环核苷酸，环核苷酸降低导致细胞内 Ca^{2+} 的增加，进而启动细胞膜去极化，苦味信号由鼓索神经传至大脑。

咸味受体：主要分布在蘑菇状味蕾中。

2.8.2 味觉调控对饮食方式变化的影响

食品香气形成的途径包括生物合成、食物调香以及加热分解等，这些香气形成途径在很大程度上决定了饮食方式的主流变化。同样的原料经过不同的加工工艺可以得到香气截然不同的产品，尤其是加热工艺。以众所周知的烤肉为例，肉的香味主要是肉中的香气前体物质在烧烤过程中通过美拉德褐变反应而形成的许多挥发性和非挥发性化合物的综合；酒类的香气形成则主要依靠发酵作用。食物在加热后会发出诱人的香气，这些香气成分形成于加热过程中的糖类热解、羰氨反应、油脂分解、含硫化合物分解等。通过嗅觉器官感受到"香"，通过味觉器官品尝到"味"。现如今加热工艺给人类饮食带来了翻天覆地的变化，越来越多的人更加注重生活质量，这一变化使得人们对食物味道提出了更高的要求，味觉调控的作用在不知不觉中影响了饮食方式的变化。

第三章

天然香精香料的制备与稳定化技术

3.1 天然香精香料的概念

Flavor（美式英语）或 Flavour（英式英语）是指食物或其他物质的感官印象，主要由味觉和嗅觉决定。口腔和喉咙中的化学刺激物所产生的"三叉神经感觉"，以及温度和质地，对风味感知的整体全面性也很重要。因此，食物的味道可以通过天然或人工风味剂改变与影响人们的感官而产生。

"Flavorant"被定义为一种物质，它赋予另一种物质风味，改变了所作用物质的特性，使其变得甜、酸、香等。Flavor 是指影响味觉和嗅觉的某种属性。

在化学感官中，嗅觉是决定食物味道的主要因素。五种基本的口味（甜、酸、苦、咸和鲜味）是公认的，尽管有些人认为也包括辛辣。食物很容易改变其气味，同时保持其味道相似。这一点在人工调味的果冻、软饮料和糖果中得到了体现，这些果冻、软饮料和糖果虽然由具有相似味道的基料制成，但由于使用了不同的气味或香精，它们的风味大不相同。

由于天然香精的高成本或不可获得性，大多数商业香精都是"天然等同"的，这意味着它们是天然香精的化学等价物，但它们是化学或生物合成的，而不是从天然原料中提取的。鉴定天然食品的成分，例如覆盆子，可以使用诸如顶空技术这样的技术，这样调味师就可以通过使用一些相同的化学物质来模拟其味道。

香精（或香料）主要用于改变天然食品的风味，或为不具有所需风味的食品（如糖果和其他小吃）创造风味。大多数类型的香精都集中在气味和味道上。

大多数人工香精香料是特殊的，往往是复杂的混合物，由单一的天然风味化合物混合在一起，要么模仿，要么加强一种天然风味。这些混合物是由调香师（或调味师）配制的，以赋予食品独特的风味，并在不同的产品批次之间或在配方改变后保持风味的一致性。已知的香精清单包括数千种分子化合物，而调香师通常可以将这些化合物混合在一起，以产生许多常见的风味。一些风味化合物名称及其风味特征见表 3-1。

表 3-1　一些风味化合物名称及其风味特征

化合物	气味
双乙酰,乙酰丙酰,乙偶姻	黄油香,牛奶香
乙酸异戊酯	香蕉香
苯乙醛	苦杏仁香,樱桃香
肉桂醛	肉桂香
丙酸乙酯	菠萝香,香蕉香
苯甲酸甲酯	草莓香
柠檬烯	橙子香,橘子香
癸二酸二乙酯	梨子香
己酸烯丙酯	菠萝香
乙基麦芽酚	焦糖香,棉花糖味
乙基香兰素	香草味
水杨酸甲酯	冬青味

3.2　天然香精香料的制备技术

香精是挥发性香气化合物的混合物，可被分为天然的、天然等同的和人工调配的。不同的化合物有特定的风味感知。

考虑到食品行业对风味活性成分的消费需求不断增长，准确量化和控制这些化合物的含量非常重要。分配系数越高表明风味化合物具有更高的疏水性，并且在水中的溶解度也越低。

在加工过程中，由于芳香化合物的化学和物理变化，食品的风味组成可能会在很大程度上发生变化。化学变化可能是由于氧化或美拉德反应，在热处理过程中可能导致风味化合物损失或由原位形成新的风味化合物。风味组合物的物理变化也可在浓缩和去除过量水的过程中发生，而某些挥发性风味化合物如酯类可能由于蒸发而损失。风味组合物中的这些变化被认为是不希望的，并且为了防止或减少风味组合物中的这些不希望的变化，可以实施不同的技术，如利用风味活性组分的物理性质如溶解度、相对挥发度和疏水性。为了减少加工过程中不必要的变化和风味损失，可以在加工之前选择性地回收或从原材料中除去挥发性芳香化合物，或者可以实施设计改进以实现期望的回收。所有这些都旨在通过产生香气浓缩物使最终产品回收并因此改善其感官质量，使香气损失最小化（图 3-1）。

芳香植物类香料加工主要技术有超临界二氧化碳萃取、降膜式高真空分馏、薄膜浓缩、多元溶媒转移萃取法、非热法香气物质捕集法、短程分子蒸馏技术和旋转锥体技术。其中，多元溶媒转移萃取法和旋转锥体技术应用优势突出。

3.2.1 多元溶媒转移萃取法

多元溶媒转移萃取法是将传统萃取技术加以巧妙的改进，利用不同的溶剂对天然植物中不同的成分有不同的溶解能力，将天然植物中的各种成分最大限度地萃取出来，转移到一个统一的溶剂中，形成一个稳定的产物，它具有天然植物的逼真香气和醇厚味感。

采用多元溶媒转移萃取法来制备天然香料萃取物，第一步是采用多元溶媒进行萃取，即用两种或两种以上的能互溶的溶媒所组成的混合溶媒进行萃取。采用的溶媒为水、低分子的醇、二元醇、三元醇和多元醇；低分子的醚、二元醚、三元醚和多元醚；低分子的酮等，其中更多的是采用水、甲醇、乙醇、丙醇、乙二醇、丙二醇、丙三醇、聚乙二醇以及甲醚、乙醚、二甲醚、二乙醚及丙酮等。多元溶媒可以在萃取前先行按一定比例配制好，在总量为 100% 的范围内任意调配。例如，用水、乙醇、丙二醇按（1～40）：（40～80）：（20～60）的比例来配制多元溶媒，尤其是在 3～32 份水、42～76 份乙醇、20～30 份丙二醇范围内配制。也可以先用一种一元或两元溶媒来进行萃取，例如，用乙醇或加水的稀乙醇对天然香料进行萃取，然后再加入其他溶媒，例如丙二醇，其组成比例同上所述，再行萃取。整个多元溶媒和被萃取的天然香料物的比例可在（1～10）：1 之间。

第二步是调整萃取液组成，并将萃取出来的组分进行转移。基本方法是采用降膜式分馏，对萃取液的多元溶媒中各溶媒的组成比例进行调整，将萃取出来的组分从某个溶媒中转移到最终的多元溶媒中，溶媒组成比例的调整和萃取出来的组分的

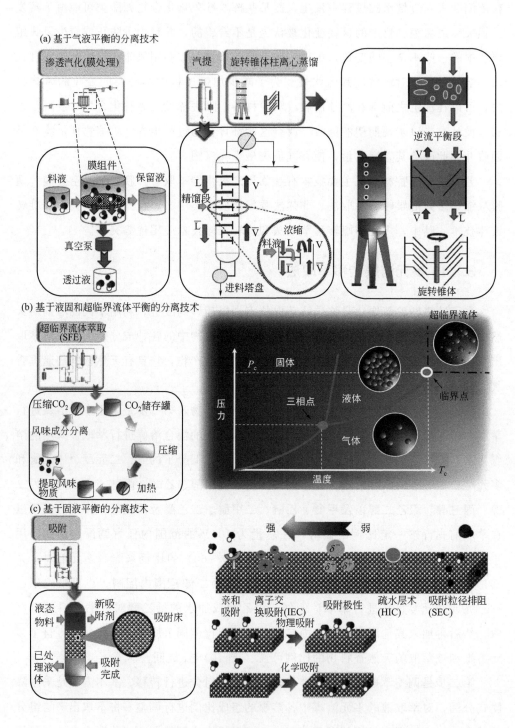

图 3-1　香气回收的现有技术示意图

转移是在同一个操作步骤完成的，最终形成一个统一的、稳定的天然香料。例如，水、乙醇、丙二醇组成的多元溶媒，其初始的比例是水 24 份、乙醇 56 份、丙二醇 20 份，经过降膜式分馏，对溶媒的组成比例进行调整，最终的多元溶媒的比例为水 18～20 份、乙醇 9～11 份、丙二醇 69～71 份。

本方法的优点如下：

① 采用多元溶媒，其中的低分子醇对芳香植物的轻组分有良好的溶解和萃取能力，水或二元醇、三元醇和多元醇对芳香植物的重组分有好的溶解和萃取能力，例如，多羟基的多糖、多酚化合物等，能把对味觉有重要贡献的组分萃取出来，能对香料物质进行完整的萃取。

② 溶媒组成比例的调整和萃取出来的组分的转移是在同一个操作步骤完成的。

③ 本方法方便、有效，能广泛应用于天然香料的制备。用本方法生产的天然香料不仅有嗅觉反应，而且还有味觉反应，是具有嗅觉和味觉效应的统一体。

有关多元溶媒转移萃取法的应用举例如表 3-2 所示。

表 3-2　多元溶媒转移萃取法的应用举例

原料	多元溶媒组成	产品得率	产品性状
小茴香粉	水（600g）：丙酮（1400g）：丙二醇（500g）	800g/(2000+500+500+500)g =22.86%	固形物含量为 12% 以上的小茴香萃取物，具有温和的茴香香气，微甜
八角茴香粉	水(176g)：乙醇(264g)：丙二醇(60g)	100g/(400+100+100+50)g =15.38%	清而辛香的八角茴香香气，味甜
焦麦芽萃取物	水(280g)：丙酮(420g)：一缩二乙二醇(100g)	150g/(100+600+100+100)g =16.67%	具有类似咖啡的焦香香气和淡淡的苦味
云南烤烟萃取物	水(100g)：丙酮(400g)：二乙二醇二甲醚(100g)	150g/(100+400+100+100)g =21.43%	具有烤烟的香气
决明子萃取物	水(100g)：乙醇(400g)：一缩二乙二醇(60g)	120g/(400+100+50+60+50)g=18.18%	具有咖啡的焦香香气和苦涩味
菊花提取物	水(100g)：乙醇(400g)：乙二醇(60g)	120g/(400+100+50+60+50)g=18.18%	具有清香香韵，带有苦涩的甜味，清淡可口
黑香豆提取物	水(150g)：乙醇(350g)：丙二醇(60g)	100g/(400+100+50+60+50)g=15.15%	香气浓郁的豆香，甜而温和

3.2.2　旋转锥体柱技术

旋转锥体柱技术（spinning cone column，简称 SCC），又称旋转锥体柱蒸馏法（spinning cone column distillation），是一种高效独特的液-气接触蒸馏技术，目前已经广泛应用于食品及天然香精香料工业。旋转锥体技术是利用旋转锥形盘的离心力，把滴在盘面上的液体分散成极薄的液体面，在高速旋转锥形盘的作用与加热的情况下蒸发，使通入的气体能充分接触而完成气提的过程。

旋转锥体柱分离装置的核心是分离柱，其主体部分是 1 个中心带转轴的直立不锈钢柱体，内部由交替的旋转锥和固定锥堆叠而成，旋转锥与轴相联，固定锥安装在圆柱的内壁上。工作时，物料沿锥体表面层层落下，蒸汽在真空下把来自液体或浆类物质的香气和可溶性物质萃取分离出来。旋转锥体柱的结构和工作原理示意图如图 3-2 所示。

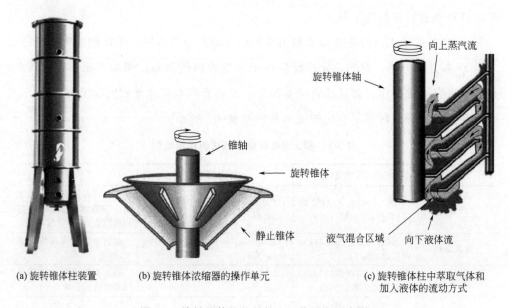

(a) 旋转锥体柱装置   (b) 旋转锥体浓缩器的操作单元   (c) 旋转锥体柱中萃取气体和加入液体的流动方式

图 3-2　旋转锥体柱的结构和工作原理示意图

SCC 最大的特点是，由于锥形碟片旋转，离心作用可将产品摊铺成薄膜，这样蒸汽可将产品中需要提取的挥发性物质完整地提取出来。同时，由于蒸汽同产品薄膜的充分接触，相互进行了充分的传热和传质，也能将需要萃取出的可溶性物质完全萃取出来，溶于溶剂中。这样既可分离出挥发性物质，也可萃取出可溶性物质。在同样的能耗下，SCC 系统提取出的挥发性物质最全，萃出的可溶性物质最多。据报道，SCC 效率比填充柱高 4～5 倍，可以处理各种形态（含很黏的）的物料。物料在 SCC 中的停留时间很短。由于可以在真空状态下操作，所以可以低温萃取，这些优点使它在处理热敏性的香味成分时，能保持其天然风味，这正是SCC 受到广泛关注的主要原因之一。

SCC 特别适用于汽提和保存果味香味物质，以及萃取可溶性物质。其优点主要如下：①可以低温萃取，保持香气的纯正性；②萃取出可溶性物质的时间最短，且含量最高；③适用产品黏度非常大，黏度高达 20000cps 的产品也可适用；④能耗低。

3.2.3　分子蒸馏技术

分子蒸馏是一种在高真空下操作的蒸馏方法，这时蒸气分子的平均自由程大于蒸发表面与冷凝表面之间的距离，从而可利用料液中各组分蒸发速率的差异，对液体混合物进行分离。分子蒸馏是一种特殊的液-液分离技术，它不同于传统蒸馏依靠沸点差分离原理，而是靠不同物质分子运动平均自由程的差别实现分离。

分子蒸馏是在低氧惰性条件下进行的，具有蒸馏温度低，物料受热时间短，操作压力低（真空度高），分离程度及产率高，产品品质好，天然物质的成分在蒸馏前后不会有太大变化，分离后的产品可避免有机溶剂污染等优点，特别适应于对高沸点、热敏性以及易氧化物料的分离纯化。该技术已经广泛应用于石油化工和食品等领域，特别适应于天然物质的提取与分离。

分子蒸馏技术作为一种新型的分离技术，理论研究和实践过程中仍然存在一些问题，主要体现在以下几个方面。

（1）理论研究较少　国内在分子蒸馏技术和装备方面的研究起步比较晚，对其相关过程的基础理论研究非常少，应用研究在 20 世纪 90 年代才得到较大发展，因此，很难准确地了解分子蒸馏器内的真实状况，在分子蒸馏器的最佳设计方面也存在相当的困难，今后加强基础理论方面的研究是分子蒸馏技术发展的一个重要方向。

（2）生产能力小　物料在蒸发壁面上呈膜状流动，受热面积与蒸发壁面几乎相等，传热效率较高；但由于蒸发壁面积受设备结构的限制，远远小于常规精馏塔受热面积。而且，分子蒸馏是在远低于常压沸点条件下操作的，汽化量相对于常规蒸馏在沸腾状态时要少得多。在相同的生产能力下，分子蒸馏的设备体积要比常规蒸馏设备大得多。高真空度下的分子蒸馏处理量比较小，难以满足工业上实际生产的需要。

（3）设备投资高　分子蒸发器是分子蒸馏技术的核心，对设备的密封和真空系统要求都很高，设备投资相对较大。

3.2.4　生物技术

自古以来，人们已在无意识的情况下利用微生物使一些食品更具风味，如各种酒类、酱、醋和面包等发酵类食品都具有一种自然的清香。到 19 世纪末 20 世纪初，人们才开始认识发酵食品的典型香味与发酵微生物之间的关系，香味物质乃是微生物生长过程合成的一些代谢产物。发酵食品中特定的微生物群已决定了该食品所特有的香气，比如奶酪、酸奶、酱油、啤酒、泡菜等食品中的味道各有特点。

已知有很多种微生物都可以利用基本的营养成分通过全程合成某些香料化合物，包括挥发性醇类、酯类、醛类、酮类、有机酸、硫化物等。如枯草芽孢杆菌能够全程合成吡嗪类物质，从而赋予酱油、豆豉、豆瓣酱和酱香型白酒特有的香味。拟孢长喙壳菌能产生多种带有果味花香的萜烯类化合物；念珠长喙壳菌能产生包括乙酸异丁酯、乙酸异戊酯、香茅醇和香叶醇等多种香气物质；哈茨木霉菌株能有效地合成具有椰子味的 6-戊基-2-吡喃酮。

所谓生物技术，就是利用有机体（微生物或高等动植物）或其组成部分（器官、组织或细胞），发展新产品或新工艺的一种技术体系，主要包括基因工程、细胞工程、酶工程和发酵工程等技术。由香料工业国际组织对天然香料的定义可知，利用酶、微生物发酵技术生产的香料属天然香料，将生物技术和化学化工技术相结合，为天然香精香料的制备开辟了新的发展途径，其应用前景广阔。用生物技术制备天然食用香料主要有以下几种方法。

3.2.4.1　基因工程

基因工程又称基因拼接技术和 DNA 重组技术，是在分子水平上对基因进行操作，将外源基因通过体外重组后导入受体细胞内，使这个基因能在受体细胞内复制、转录、翻译表达的操作。利用基因工程技术，可以改良香料植物的基因性状，培养出高产香味物质的植物细胞株。

日本山形县工业技术中心采取突变法，将产香能力强的遗传因子导入酵母菌中，经过两年时间培育出了新酵母菌。用这种新酵母菌酿制葡萄酒及一些果酒，可提高酒中乙酸异戊酯等 7 种香味物质的含量，使酒味香气浓郁。

通过基因工程将牛肉风味肽的基因附在 α-factor 载体上在酵母细胞中表达，所生产出来的酵母抽提物中含有较高浓度的风味牛肉肽。将脱苦蛋白酶和风味醛氧化酶对应基因在菌体中克隆并成功表达，可利用建造的基因工程菌除去干酪中的不良风味。

3.2.4.2 细胞工程

利用植物细胞、组织和器官大规模培养技术，可以大量培养香料植物，从而获得高价值的香料。植物细胞培养是一种令植物细胞在培养基或培养液中生长的技术，使植物的生长和收成易于控制，免受天气及其他环境因素的影响。

植物香料属于次级代谢物，通常只在已分化的特殊组织中产生，故在培养植物细胞生产香料时，需靠控制培养液的成分和培养的环境以提高其次级代谢物的产量。

在利用植物细胞培养技术生产香兰素时，通过在培养基中添加一些植物激素，如2,4-二氯苯氧乙酸、苄基腺嘌呤和萘乙酸等，愈伤组织发生率大大提高，而且所形成的愈伤组织的继代培养生长较好。

同时，采用植物细胞培养技术生产香兰素及其系列化合物时，会受到多种因素影响。外植体、使用培养基的类型、培养基中添加的前体物质的种类和数量、培养期的温度和光照都会对代谢物的组成和产量有重要影响。

3.2.4.3 酶工程

酶工程是指在一定的生物反应器内，利用酶的催化作用，将相应的原料转化成有用物质的技术，也是将酶学理论与化工技术结合而形成的新技术。

到目前为止，有3000多种酶在文献中被报道，但只有几百种可商业化生产，其中仅20余种适合于香料化合物的工业生产过程。利用酶工程，可以生成许多香料的前体物质。应用这一方法，一方面可拓宽香料的原料来源，另一方面通过寻找廉价的原料，大大减少生产成本。

1998年，Williamson等以农业废料为原料，采用物理和酶工程相结合的方法，产生香兰素生物合成的重要前体物质——阿魏酸。

3.2.4.4 发酵工程

发酵工程是生物技术的重要组成部分，它将微生物学、生物化学、化学工程学的基本原理有机地结合起来，是一门利用微生物的生长代谢活动来生产各种有用物质的工程技术。

该技术是目前生产香料最广泛的生物技术，以工农业废料为原料，利用微生物可以生产各种天然香料。细菌、霉菌和酵母菌都可用来生产香兰素、己内酯、癸内酯等香料，采用细胞固定化等技术手段还可以大大提高香料物质的产量。

一些微生物以阿魏酸、丁子香酚、异丁子香酚、香草醇、香草胺、松柏醇等化合物为前体，经发酵可获得香兰素。

2-苯乙醇是一种具有柔和细腻玫瑰气味的芳香醇，天然存在于玫瑰、茉莉、百合和丁香等多种植物的精油中，这些植物也因含 2-苯乙醇而芳香怡人。2-苯乙醇的玫瑰香气颇受人欢迎，是国际香精香料的主流风格，大量应用于玫瑰型及其他类型的香精配方中，在食品和日化用品等领域中均有广泛应用。

酵母细胞可以通过合成芳香族氨基酸的莽草酸途径全程合成 2-苯乙醇，也可以通过氨基酸分解途径转化 L-苯丙氨酸为 2-苯乙醇。L-苯丙氨酸首先在转氨酶作用下生成苯丙酮酸，或在脱羧酶的作用下形成苯乙胺，再脱羧或脱氢氧化形成苯乙醛，进而生成 2-苯乙醇。

3.2.5 微波辐照诱导萃取法

微波辐照过程中微波射线可透过萃取介质到达植物物料的内部维管束和细胞系统。由于吸收微波能，物料的维管束和细胞内部温度迅速上升，直至其内部压力超过细胞壁膨胀的能力，细胞破裂。位于细胞内的香料物质从细胞壁自由流出。传递转移至萃取介质周围，在较低的温度下（或说"冷态"）被萃取介质捕获并溶解其中。过滤分离残渣，即得萃取物。微波辐照诱导萃取技术适用于任何天然物的萃取，可达到高效、快速、高度选择性、安全无害环境的要求。微波辐照诱导萃取技术的步骤如下：①物料切碎，便于吸收微波能；②选用合适的萃取剂接触物料；③物料与萃取剂混合置于微波发生器内接受辐照，物料成分吸收微波能，此时发生实质性萃取过程；④从萃取相分离出残渣；⑤回收萃取物，若萃取物可直接使用，那就不需要除去萃取剂。

与常规蒸馏法和直接萃取法相比，微波辐照诱导萃取法得到的产品品质最好，色泽浅，而且还体现出生产的高效率和高选择性，以及不会破坏天然热敏物质的结构等优点，其不足之处是只能获得部分主要组分。

3.2.6　超临界流体萃取法

超临界流体萃取（SFE，简称超临界萃取）是一种将超临界流体作为萃取剂，把一种成分（萃取物）从混合物（基质）中分离出来的技术。二氧化碳（CO_2）是最常用的超临界流体。超临界流体萃取分离过程的原理是利用压力和温度对超临界流体溶解能力的影响而进行的。在超临界状态下，将超临界流体与待分离的物质接触，使其有选择性地把极性大小、沸点高低和分子量大小的成分依次萃取出来。当然，对应各压力范围所得到的萃取物不可能是单一的，但可以控制条件得到最佳比例的混合成分，然后借助减压、升温的方法使超临界流体变成普通气体，被萃取物质则完全或基本析出，从而达到分离提纯的目的，所以超临界流体萃取过程是由萃取和分离组合而成的。

超临界流体萃取具有在较低的温度下操作、效率高、溶剂易分离等特点，同时用 CO_2 作萃取剂，萃取过程不发生化学变化，不燃烧、无异味、无臭、无毒、安全性高、价廉易得，不会造成环境污染。但是超临界流体萃取的原料并不适合于含水量过大的水果类天然香精的制备，且设备投资大，技术要求高。

3.2.7　热反应香精

肉类是人类重要的食品来源之一，肉类在烹制中产生的气味和味道，是人们所喜爱的风味之一。肉的风味如何构成？如何模拟肉类香味？这些问题一直是相关科研工作研究的热点。目前，肉味香精已经被工业化，并且被广泛应用于鸡精、方便面调料、方便米粉调料、香肠、火腿肠、罐头、烤鸡、熟肉制品、香辣酱、速冻水饺及各种休闲食品等领域。肉味香精已经成为食用香精行业的重要分支。当前，国内肉味香精的生产厂家就有 100 多家，年销售额约 20 亿元人民币，并且每年都以超过 10% 的速度递增。

肉味香精按照肉香的产生机制，可以分为以下两种。

（1）拌和型香精　由辛香料、天然香料和合成香料调香制备。这种肉味香精优点是成本较低、头香足、呈味速度快，但调制的香精肉香味往往不够细腻，香味不能醇厚持久，同时不耐高温，高温烹制中散发很快。

（2）热反应香精　以植物蛋白水解物（HVP）、动物蛋白水解物（HAP）、酵母抽提物等为主要原料，通过热反应制备。这种香精具有香度高、香气深厚持久、天然感强等优点。自从 20 世纪 60 年代开始用美拉德方法制备反应型香精后，反应型香精发展很快，作为拌和型香精的升级产品，目前已得到广泛应用。

生肉的肉香很弱，将其加热便可产生肉的特征香味。反应型肉味香精生产的主要原理是模拟肉类物质在加热过程中产生风味物质的过程。该生产过程中的反应包括肽和氨基酸的分解、脂肪的氧化分解、美拉德反应、硫胺素的分解、糖的降解等，其中最主要的反应是还原糖与氨基酸之间在一定温度下进行的美拉德反应，该反应产生具有芳香气味的呋喃衍生物、羰基化合物、醇类、脂肪烃和芳香烃类物质，羟甲基呋喃化合物容易与硫化氢反应，从而产生非常强烈的肉香味。

HVP、HAP、酵母抽提物是反应型肉味香精生产的主要氨基酸来源，也是热反应型香精产生基本肉香的主要前体物质。虽然氨基酸也可以作为美拉德反应的前体，但由于成本原因，除少量含硫氨基酸用于反应的补充增味外，氨基酸都只局限于实验室的研究之中。

HAP 的呈味能力要好于 HVP，用前者能模拟出更逼真而强烈的肉香味。但 HVP 的成本相对较低，所以工业上一般和其他蛋白质源结合使用。酵母抽提物含有较高的核苷成分，以酵母抽提物代替部分肉提取物，制得的肉味香精口感丰满自然，近年来在肉味香精的生产中也有较多应用。

研究证明，蛋白质的降解对于肉味前体物质的形成是必不可少的。肉味的形成，主要与氨基酸、小肽的含量有关，蛋白质对其肉香味的形成并不重要。这就要求对 HVP、HAP 产品具有高的水解度，一般要求水解度最好达到 30% 以上。

类脂类物质的降解也是热反应型肉味香精生产过程中的重要反应。类脂成分的降解产生各种肉的特征香味，在该反应中，不饱和脂肪酸发生氧化分解，生成低香味阈值的酮、醛、酸等挥发性的羰基化合物。另外，羟基脂肪酸水解成羟基酸，经过加热脱水、环化生成内酯化合物，从而产生肉香味。在目前的生产工艺中，一般直接添加动物油脂来增加特征香味的生成。而热反应条件一般是 180℃ 以下，反应时间少于 2h，这么短的时间，脂肪往往分解不足，造成特征风味较差。随着酶工业的发展，利用脂肪氧化酶和脂肪酶的作用，使脂肪在热反应前进行氧化和分解，可以促进特征香味产生。这也是未来热反应型香精发展的思路之一。

除蛋白质、脂肪外，热反应的其他反应前体还包括单糖（木糖、葡萄糖、核糖、果糖、半乳糖等）、含硫化合物（半胱氨酸、蛋氨酸、硫胺素、一些天然香辛料等）等。反应前体不同，配比不同，产生的风味也千差万别；另外除参加反应的组分外，热反应的条件（如温度、pH、作用时间等），对热反应肉味香精的特性也有重要影响。

3.3　天然香精的胶囊化技术

现在能投入实际使用的胶囊化技术有多种，能满足不同需求的应用。一般而言，胶囊化的食用香精由含有食用香精的核（A）和壳（或基质，B）组成。参见图 3-3。

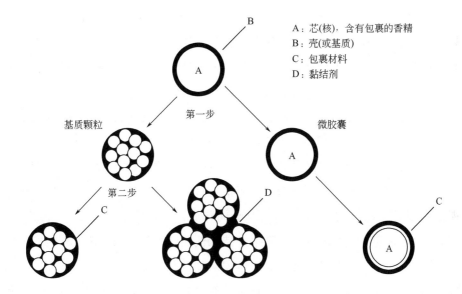

图 3-3　香精包裹方式的两种类型

在两类产品即真正的微胶囊和基质颗粒之间必须作出基本的区分。真正的微胶囊具有液体的食用香精内核，周围由一层壳包围着，例如明胶胶囊。由于微胶囊化成本昂贵，它的应用受到相当大的限制。而基质颗粒由极细的香精液滴（液滴尺寸通常为 $1\sim5\mu m$）及包裹着它的各种载体基质构成。

微胶囊和基质颗粒两者表面均可再涂上适当的材料 C，例如，为了改善其释香特性。基质颗粒可以借助黏结剂 D 而聚集起来，例如为了改善其溶解性。

使用胶囊化食品香精的原因可以归结如下：提高易变成分的稳定性；使液体香精具备固体形态；控制释香速度；改善香精的技术性能；改进加工操作（例如无

尘）；改进安全性（例如降低可燃性）；产生新的外观和质地。

胶囊化的香精具有更高的稳定性并能更好地防止外部影响，例如氧化。它们还能为液体香精提供干燥的形态，这意味着它们能更容易地应用于产品中。另外，一些特殊的性质，如有控制的水溶性，可通过选择适合的胶囊化技术措施来实现。胶囊化的香精颗粒的尺寸、形状和组织结构可以支持对食品的香气、口味和外观的感觉。然而，选择哪一种特定的胶囊化技术的关键因素仍旧是香精的释放性质。适当的香精释放设计是保证产品性能的关键。当香精胶囊被水溶解时，一般是溶解度控制香精的释放。胶囊溶解的速度，也就是香精释放的速度，可以通过选择载体加以控制。另一方面，也可以选择不溶于水的胶囊化系统，使胶囊化的香精能保持在含水产品中（例如雪糕），直至顾客消费它时才释放出来。温度推动香精释放也是可以实现的，比如，在胶囊化香精外涂上能在某一特定温度下熔化的特殊的脂肪。一个典型的应用可以说是蛋糕糊。在其他的各种产品中，例如口香糖，可以利用消费者咀嚼时的机械破碎力破坏明胶胶囊而直接释放香精。在这些例子中，胶囊化的香精可以以完全不同的方式释放：或者在生产过程中，或者在食品制备过程中，或者在它们被吃掉时。因此，用于焙烤类产品的胶囊化香精在 70℃ 以上炉温下使用，而用于茶、汤或糖果的香精只是到产品被消费时才释放。在汤料混合物中倒入热水之后才产生汤的特征香气。茶香精的应用情况与此类似，茶浸泡时才产生香味。在咀嚼口香糖的情况下，香精应在咀嚼时瞬间释放，而且应当咀嚼 10～20min 后仍能被感知到，这意味着香味的"冲劲"和持久性达到了很好的平衡。

经典胶囊化工艺仍旧是喷雾干燥、压缩明胶包囊和附聚。当今的研究工作相当大的部分是集中在材料的选择上。选择合适的包裹材料对香精的控制释放具有重要的推动作用。

至于加工工艺，基于流化床工艺的方法，明胶包裹挤出技术、分子包合以及喷雾冷冻技术已经获得了相当大的进展。另外一些技术，如脂质体包裹、海藻酸盐包裹、共结晶和界面聚合等，目前仍处于试验阶段，对未来的实际应用只能起有限的作用。脂质体包裹是用一层或几层磷脂或其他类脂两亲物包裹的胶囊，其颗粒尺寸范围从 25nm 到几微米。海藻酸盐包裹是将香精包含在胶囊化的海藻酸盐基质中。然而，不良的扩散性妨碍了它们在香精包裹中的应用。共结晶的方法涉及在碳水化合物结晶中包容香精。界面聚合的方法则是基于在香精油滴与水连续相界面上的聚合。食品中允许使用的聚合物的缺乏严重地妨碍了这一技术在食品工业中的应用。

3.3.1　喷雾干燥

喷雾干燥并非是理所当然地适合于胶囊香精的工艺，因为香味化合物蒸发的速度比水快。因此，重要的是选择适当的能够防止挥发性香味物质在干燥过程中损失的载体，同时又能使水分不受阻碍地挥发。随着对这些过程是如何发生的认识不断深化，能够提供这些性能的物质已经被找到。这类具有良好的乳化性而口感味觉呈中性的物质，包括明胶、改性乳蛋白质、改性淀粉、麦芽糖或阿拉伯胶。从原理上讲，喷雾干燥分成两个工艺步骤。在选择了适当的载体后，首先要将其溶解在水中，然后再加入液体香精，均质乳化之后再在喷雾干燥器中分散。有多种不同技术用于在喷雾干燥器中雾化这种乳化物，雾化物会遭遇到温度高达 $180\sim200℃$ 的热空气（图 3-4），水分迅速挥发，使载体物质呈薄膜状，包裹在香精滴外，这层膜能保证留在香精液滴内的水分在干燥过程中透过并从干燥颗粒上继续蒸发掉，另一方面，大的香味物质的分子保留下来并得到浓缩。

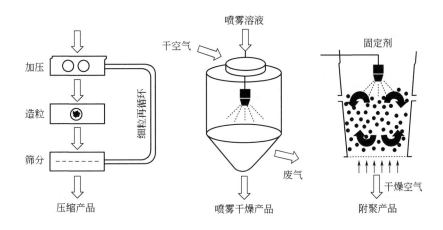

图 3-4　喷雾干燥及其相关的衍生加工技术

在干燥器内最高停留 30s 后，可用各种技术去除相对较小的载体颗粒和包裹好的香精。喷雾干燥的成品含香味物质约 20%。

3.3.2　压缩与附聚

压缩与附聚工艺是补充喷雾干燥常用的方法（图 3-4）。这两种工艺的应用目的是得到较大颗粒。压缩工艺生产的产品具有较低的孔隙率（"强度好"），而附聚工艺生产出的产品具有较高的孔隙率（"速溶性"）。

压缩工艺：喷雾干燥的香精在高压下压缩，形成块状，然后再粉碎成 0.7～3.0mm 的微小颗粒。

附聚工艺：附聚产品的制备往往是从喷雾干燥产品开始的。喷雾干燥产品在热空气中流态化，流态化使得每一个单一的颗粒与其他颗粒分开并向四周喷射。再喷以黏结剂（例如水），粉末状的颗粒逐渐互相黏结形成大颗粒。

3.3.3 挤出工艺

挤出工艺在最近几年取得其重要地位（图 3-5）。高黏度的载体被加工成具备高稳定性和长货架期特点的玻璃样体系。水或其他增塑剂被加入碳水化合物中，这些碳水化合物在加入液体香精之前就已被熔化。加香后的熔融物在高压下被强行通过挤出孔板，在快速固化过程中，挤出物的形态呈非晶性和玻璃样的、完全包含香精滴的坚固物质，形状为细针状小条。这种工艺特别适合于高敏感性的柑橘类香精，其优点是长货架期和优异的抗氧化性能。这种技术常用来生产茶香精、速溶饮料香精和各种糖果香精。

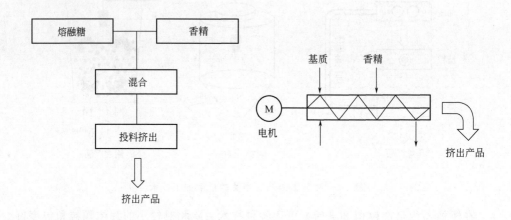

图 3-5 挤出工艺

这种技术的老式方法是采用两个搅拌釜，其中一个用于加工熔融物，另一个用于冷却和用适当的溶剂如异丙醇洗涤挤出的产品。这种技术较新式的方法是用两根螺杆连续挤出，使加工过程更加灵活。

3.3.4　喷雾冷凝工艺

在喷雾冷凝工艺中，要被包裹的香精与载体混合后喷雾进入冷却或急冷的空气中，这恰恰与在喷雾干燥中使用热空气的情况相反（图 3-6）。

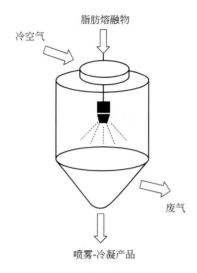

冷空气

脂肪熔融物

废气

喷雾-冷凝产品

图 3-6　喷雾冷凝工艺

在喷雾冷凝的情况下（32～42℃），外层材料是氢化植物油或经过分馏的植物油。

3.3.5　分子包裹工艺

分子包裹化合物是另一种香味物质胶囊化的可能实现的技术途径。β-环糊精尤其适用于这一技术（图 3-7）。它是一种环化的葡萄糖低聚体，与某些物质形成包裹物，这些物质按其分子结构适合 β-环糊精的活性中心，它们的极性比水小。典型的应用场合是保护不稳定的或高附加值的特殊香味化学品。分子包裹香精在口香糖中使用时可以实现长的留香时间。

有研究表明，短链直链淀粉易于与配体络合形成单螺旋的 V 型直链淀粉复合物。由于分子内氢键作用，直链淀粉能与一些配合物如碘、脂类、醇、表面活性剂等发生络合，一般形成左旋的单螺旋结构 V 型直链淀粉的螺旋空腔可以随客体分子的尺寸大小而变化，每圈螺旋的葡萄糖残基分别为 6、7、8。这一性质可以被应用在风味物质的包埋中。

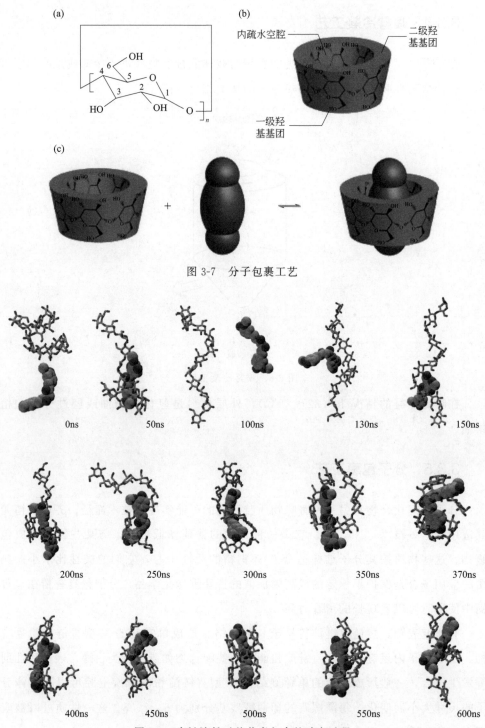

图 3-7　分子包裹工艺

图 3-8　直链淀粉对姜黄素包合的动态过程

　　张黎明等人通过研磨活化直链淀粉和大蒜泥可以得到直链淀粉与大蒜风味物质之间的复合物，该复合物为 V 型结构。Fenoyl 等研究了 7 种具有螺旋构象的多糖（包括直链淀粉）与六种风味物质之间的分子包合现象，结果发现客体分子可以适应性地位于疏水内穴或在螺旋之间的间隙里。

　　冯涛等人也利用直链淀粉对 $C_6 \sim C_9$ 的线性脂肪族醇和芳香醇进行了分子包合，结果发现所得到的直链淀粉-风味物质的复合物均具有 V 型结构，且直链淀粉-正庚醇最为稳定。他们还采用超级计算机分子动力学方法表征了直链淀粉对姜黄素包合的动态过程（图 3-8）。这些都为进一步了解直链淀粉作为壁材对风味物质的包埋和释放奠定了坚实的基础。

4.1　甜味剂的概念

食品的甜味是由其所含有的甜味物质所赋予的，这类物质称为甜味剂。从来源来看，甜味剂可分为天然甜味剂与人工合成甜味剂两大类。天然甜味剂又可分为糖类和非糖类甜味剂。糖类甜味剂主要是指蔗糖和葡萄糖等，它们的味感好，甜度不高，在人体内会被吸收、积存并转化为能量，属于能量糖类。来源于甘蔗或甜菜的蔗糖，是使用最广泛的天然甜味剂。

近年来的研究表明越来越多的人患有的某些疾病，如糖尿病、心血管疾病、肥胖、高脂血症、龋齿等，或多或少都与蔗糖的过量摄入有关。随着人们对健康要求的提高，对各种甜味剂的要求也越来越苛刻，甜味剂既要能满足人们对甜味口感的要求，又要能满足健康的要求，需要其能量值尽可能低甚至为零。世界范围内，无糖和低糖食品和饮料的开发速度很快，甜味剂部分代替糖的摄入已成为一种发展趋势，越来越多的新型甜味剂被商业化并应用于食品、饮料中。

新型甜味剂指的是高倍甜味剂，特别是无热量、非营养性的高倍甜味剂。高倍甜味剂在食品和饮料中的使用应受到监管机构的监管，并根据安全评估研究指定其可接受的每日允许摄入量（ADI）。高倍甜味剂包括人工合成化合物以及天然化合物。

我国《食品安全国家标准食品添加剂使用标准》对允许使用的甜味剂品种、使用范围和最大使用量都有具体规定。这些规定都是基于严格的科学风险评估结果制定的。按标准使用高倍甜味剂，是有安全保障的。

4.2 合成甜味剂的制备及其应用

目前使用的合成甜味剂由于甜度高、成本低，不被机体消化吸收，糖尿病人和肥胖人群等特殊人群可安全食用，对人的牙齿无害，不会导致龋齿的优点而占据较大的市场份额。以下为已商业化并可用于食品或饮料的化学合成甜味剂。

4.2.1 糖精

糖精的化学名称为邻苯甲酰磺酰亚胺，分子式为 $C_7H_5O_3NS$，最早是于 1878 年由美国约翰霍普金斯大学 I. Remsen 教授的博士后 C. Fahlberg 发现的，并于 1884 年以后陆续投入生产，向市场推广使用。由于糖精难溶于水，市场供应的产品主要是其钠盐，即糖精钠，它是第一个被商业化的高倍甜味剂。

糖精钠的制备工艺有多种，按生产采用的主要原料可划分为甲苯法、苯酐法、邻甲基苯胺法和苯酐二硫化物法等，其中以甲苯法和苯酐法应用最为广泛。

糖精及其钠盐和钙盐均为白色晶状固体，非常稳定，在溶液中有优异的热稳定性和光稳定性，并且稳定性不受食品、饮料制造中通常的温度和 pH 值的影响。糖精钠在水中的溶解性最好，甜度约为蔗糖的 300 倍，能快速表现出甜味，没有明显的余味，但浓度高特别是在接近最大反应强度时，会表现出苦味和金属异味。由于其稳定性，糖精可用于烹饪、烘焙和糖果中。

由于糖精对人体健康有潜在的不良影响，许多国家都相继出台了相应的管理措施，限制糖精的使用量。我国 GB 2760—2014 中规定了糖精钠的使用范围和使用限量，例如明确规定了糖精钠允许添加的范围包括冷冻饮品、水果干类（仅限芒果干、无花果干）、果酱、蜜饯凉果、腌渍的蔬菜、新型豆制品、熟制坚果、复合调味料等 14 大类食品和饮料，最大使用量为 $0.15\sim5g/kg$。

4.2.2 甜蜜素

甜蜜素的化学名称为环己基氨基磺酸钠，是 1937 年由美国伊利诺伊大学 Audrieth 教授实验室的工作人员 M. Sveda 发现的，于 1949 年获得 FDA 批准并正式投放市场。甜蜜素的发现和商业化促成了二十世纪五六十年代美国第一批高品质低热量或零热量的食品和饮料。

甜蜜素的合成方法有多种，由氨基磺酸与环己胺及氢氧化钠在常温下反应制成的方法，反应结束后产物会发生凝固结焦的现象，影响产率，所以国内外又有学者研究了环己胺过量、高压合成和低温合成工艺优化法，其中低温合成法最优。低温合成法采用环己胺和氯磺酸为原料，以四氯化碳作为溶剂合成甜蜜素，其产率高达 96.69%。

甜蜜素甜度为蔗糖的 50 倍，非常稳定，并且在溶液中缓慢水解产生环己胺和无机硫酸盐。甜蜜素在高浓度时有微弱的苦味和咸味，但是在与糖精钠等其他甜味剂混合时没有明显的异味。由于甜蜜素的甜度不高以及法规上的限制等，通常是与其他甜味剂混合使用，并且它与一些高倍甜味剂如糖精钠之间还有协同效应，两者混合使用可以降低其使用量。

美国由于担心安全性问题，已不再使用甜蜜素，但在许多国家，甜蜜素是一种常用的甜味剂，使用范围较广泛。根据我国 GB 2760—2014 规定，甜蜜素可用于冷冻饮品、水果罐头、果酱、蜜饯凉果、果糕类、腌渍的蔬菜、熟制豆类、腐乳类、熟制坚果、面包、糕点、饼干、复合调味料、饮料、配制酒、果冻、方面米面食品、餐桌甜味料等，最大使用量为 0.65~8g/kg，但甜蜜素不能用于馒头、包子等发酵面制品类中，也不可用于新鲜水果。

4.2.3　阿斯巴甜

阿斯巴甜化学名称为 L-天冬氨酰-L-苯丙氨酸甲酯，是历史上第一个肽类甜味剂。自 1983 年美国 FDA 批准允许配制软饮料后，阿斯巴甜在全球 100 多个国家和地区被批准使用，是目前使用最广泛的高倍甜味剂。

化学合成法是较早利用来合成阿斯巴甜的方法，由于阿斯巴甜是由 L-天冬氨酸和 L-苯丙氨酸形成的二肽甲酯化得到的，这两种氨基酸如果不带保护基，自身就会发生酰化和相互酰化，可产生六种二肽，副产物较多。因此，用化学方法合成时，必须将氨基酸的某些官能团保护起来，减少副反应的发生，形成肽键后再将保护基脱去。化学合成法包括酸酐法、内酯法等。但由于化学合成法的生产步骤较多，产率低，反应选择性差，因此，生物合成法得以发展起来。

阿斯巴甜为晶状固体，25℃时在水中的溶解度大约为 1%，结晶形式非常稳定，而在溶液中其稳定性依赖于 pH 值，在 pH 为 4.3 时最稳定，因此阿斯巴甜适用于作为低 pH 饮料的甜味剂，对于中性 pH 的烘焙食品不适合。阿斯巴甜的甜度约为蔗糖的 200 倍，具有清爽的甜味，没有异味；它的甜味出现略微延迟，并有中度的甜味逗留；有增强风味的效果，特别是柑橘风味。阿斯巴甜可以单独使用，但更多时是与其他高倍甜味剂复配使用。

美国规定阿斯巴甜的每日摄入量为 50mg 每千克体重。阿斯巴甜的主要代谢产物是苯丙氨酸，因此苯丙酮尿症患者不能食用。根据我国 GB 2760—2014 规定，阿斯巴甜可用于调制乳、风味发酵乳、调制乳粉等很多乳制品、冷冻饮品、冷冻水果、果酱、蜜饯凉果、腌渍的蔬菜、饼干等 60 多大类食品和饮料中，最大使用量为 0.6～10g/kg 不等。

4.2.4　安赛蜜

安赛蜜的化学名称为乙酰磺胺酸钾，甜度约为蔗糖的 200 倍，20℃时在水中有较好的溶解性（27%）。安赛蜜在接近最大反应强度的高浓度时，会表现出苦味和金属异味，但在混合物中的甜味贡献小于等于 5% 时就没有异味，它的甜味出现较快，并有很低的甜味逗留。食品与饮料工业通常采用安赛蜜与阿斯巴甜的混合物，该混合物具有甜味协同作用（约 30%），可降低甜味剂使用的含量，因此降低成本并改善口感。

美国规定安赛蜜的每日摄入量为 15mg 每千克体重。根据我国 GB 2760—2014 规定，安赛蜜可用于风味发酵乳、冷冻饮品、水果罐头、果酱、蜜饯、腌渍的蔬菜、糖果、调味品、酱油、果冻等 20 大类食品和饮料中，最大使用量为 0.3～4.0g/kg。

4.2.5　三氯蔗糖

三氯蔗糖属于蔗糖的衍生物，是蔗糖分子的 $4,1',6'$-位羟基被氯原子取代后的产物，化学名称为 $4,1',6'$-三氯-$4,1',6'$-三脱氧半乳蔗糖，分子式为 $C_{12}H_{19}O_8Cl_3$。

三氯蔗糖的合成主要包括酰化、氯代、脱酰基和纯化等步骤，其中氯代蔗糖涉及选择性地氯代蔗糖的 4-、$1'$-和 $6'$-位羟基而不氯代其他位置的羟基，同时伴随着 4-位羟基的翻转，即从葡萄糖基变成半乳糖基。化学合成三氯蔗糖的方法有全基团保护法和单基团保护法，后者又包括乙酸酐法、原乙酸三甲酯法、有机锡法和其他单基团合成法。

三氯蔗糖为晶状固体，20℃时在水中有较好的溶解性（28.3%）。以固体状态存在时较稳定，但随着温度的升高会发生变色降解。三氯蔗糖的甜度约为蔗糖的400倍，它可单独作为甜味剂使用，但更多时候是与其他高倍甜味剂复配进行使用。三氯蔗糖甜味出现略微延迟，并有中度的甜味逗留，与阿斯巴甜类似。

三氯蔗糖在所有食品和饮料的系统中，具有水解及光照稳定性，因此在食品及饮料中具有广泛的用途。目前已有包括美国、英国在内的约100个国家和地区批准三氯蔗糖作为食品甜味剂在食品中应用，我国于1997年7月批准使用三氯蔗糖。根据我国GB 2760—2014规定，三氯蔗糖可用于调制乳、风味发酵乳、冷冻饮品、水果干类、水果罐头、果酱、蜜饯凉果、煮熟或油炸的水果、腌渍的蔬菜、糖果、方便米面制品、焙烤食品、酱油、复合调味料、饮料、配制酒、果冻等30大类食品和饮料中，最大使用量为0.05～1.5g/kg。

4.2.6 纽甜

纽甜的化学名称为 N-[N-(3,3-二甲基丁基)-L-α-天冬氨酰]-L-苯丙氨酸-1-甲酯，是根据人体甜味受体的双疏水结合部分假设及阿斯巴甜化学结构，通过构效关系研究结果在阿斯巴甜分子上用疏水基团取代氢而形成的产物。

纽甜的制备方法有纯化学合成法和化学-酶联合法。从化学结构来看，纽甜为阿斯巴甜的 N-烷基化衍生物，故合成工艺基本上是以阿斯巴甜为原料与不同的 N-取代基形式进行反应来制备纽甜。

纽甜是晶状固体，在25℃时在水中的溶解度大约为1%，固体状态时非常稳定，在溶液中当pH为4.5时最稳定。理论上，纽甜可同时作用于人体甜味受体的2个疏水结合部位，使甜度提高，为蔗糖甜度的8000～13000倍。纽甜的甜味纯正，没有异味，但它的甜味具有明显的延迟并持续较长时间，可与其他甜味剂混合使用，与糖精有协同作用。由于纽甜较强的甜味逗留，其主要用于低热量产品中。

美国规定纽甜的每日摄入量为0.3mg每千克体重。根据我国GB 2760—2014规定，纽甜可用于调制乳、风味发酵乳、干酪类似品、脂肪类甜品、冷冻水果、水果罐头、果酱、蜜饯凉果、胶基糖果、复合调味料、植物饮料、风味饮料、果冻、膨化食品、方便米面制品等57大类食品和饮料中，最大使用量为0.02～1.0g/kg

不等。

4.2.7　阿力甜

阿力甜是一种二肽类甜味剂，其化学名称为 L-α-天冬氨酰-N-(2,2,4,4-四甲基-3-硫杂环丁基)-D-丙氨酰胺，分子式为 $C_{14}H_{25}N_3O_4S$。

阿力甜为白色晶性粉末，其甜度为蔗糖的 2000 倍，风味与蔗糖接近，无后苦味和金属味，甜感迅速，甜味逗留弱。

根据我国 GB 2760—2014 规定，阿力甜可用于冷冻饮品、话化类、胶基糖果、餐桌甜味料、饮料类和果冻 6 大类食品和饮料中，最大使用量为 $0.15\sim0.3g/kg$ 不等。

4.3　天然甜味剂的制备及其应用

化学合成甜味剂由于具有甜度高、成本低等优点而占据了甜味剂市场的较大份额。但合成类高倍甜味剂也具有显著的缺点，除了部分合成产品的甜味不够纯正，带有不同程度的苦涩味、金属后味或异味，与蔗糖风味相比有一定的差距外，一些化学合成的甜味剂在安全性方面也存在不少问题。近年来，许多国家都相继出台对化学合成甜味剂的管理措施。我国规定，凡使用非营养性高倍甜味剂，均不得超过 GB 2760—2004 所规定的使用范围和用量，并严禁在婴幼儿食品中使用上述化学合成甜味剂。

由于化学合成甜味剂对人体健康可能存在的不良影响，以及随着国民经济的发展和人民生活水平的提高，人们对健康食品日益增长的需求，越来越多的食品和饮料开始使用高倍天然甜味剂。

目前已报道的所有天然高倍甜味化合物均来自绿色植物，还没有从陆地微生物及海洋生物中发现该类物质。下面介绍一些已经商业化，并且在我国允许使用的非糖类天然甜味剂。

4.3.1　甜菊糖苷

原产南美巴拉圭和巴西交界的阿曼拜山脉的菊科多年生草本植物甜叶菊的叶

子，被当地人用作掩盖草药的苦味，或作为甜味物质掺在食品中食用已有数百年的历史，从该植物的叶中提取并分离到的高倍甜味二萜糖苷类化合物，总称为甜菊糖苷（俗称甜菊糖）。

从甜叶菊中分离甜味成分的工作从二十世纪初就开始了，但直到 1955 年才报道了甜叶菊中含量最高的甜味化合物甜叶菊苷的完整结构。二十世纪七十年代日本广岛大学的 O. Tanaka 教授和同事发现了 8 种甜菊糖苷，其中莱鲍迪苷 A（Rebaudioside A）是甜叶菊中含量第二高的甜味化合物。近年来的研究表明甜叶菊中含有十个以上此类高倍甜味化合物，这些化合物都具有相同的被称为甜菊醇的苷元骨架，只是在苷元的 C_{19} 和 C_{13} 位上连接不同数量及不同类型的糖基，如葡萄糖基、鼠李糖基或木糖基，从而形成味质、理化性能、活性各异的不同甜菊糖苷。其中含量最高的甜叶菊苷和莱鲍迪苷 A，占了甜菊糖苷的 80％以上，其甜度分别为蔗糖的 300 倍和 450 倍。其他甜菊糖苷还包括莱鲍迪苷 B、莱鲍迪苷 C、莱鲍迪苷 D、莱鲍迪苷 E、莱鲍迪苷 F、杜克苷 A、甜茶苷、甜菊二糖苷等，这些高倍甜味糖苷的甜度为蔗糖的200～350 倍不等。

经过各国多年深入系统的研究，世界卫生组织（WHO）和联合国粮食及农业组织（FAO）联合食品添加剂专家委员会（JECFA）在 2004 年 8 月第 63 次日内瓦会议上通过了甜菊糖苷使用的试行方案，规定人体每日摄入量为 2mg/kg 体重以下。2008 年 12 月，美国食品药品管理局（FDA）通过了对甜菊糖苷及高纯度莱鲍迪苷 A 应用于食品和饮料安全可靠（GRAS）认证的申请，并且限定了甜菊糖苷的每日摄入量为 2mg/kg 体重以下，莱鲍迪苷 A 每日摄入量为 12.2mg/kg 体重以下。这标志着甜菊糖苷在欧美的食品工业市场广泛使用的开端。目前，已经商业化的主要是甜叶菊中含量很高的两个甜味成分：甜叶菊苷和莱鲍迪苷 A，产品包括甜菊糖苷的混合物（含≥95％的甜叶菊苷以及莱鲍迪苷 A、莱鲍迪苷 B、莱鲍迪苷 C、甜菊二糖苷、杜克苷 A、甜茶苷）、纯度大于等于 97％的莱鲍迪苷 A。

甜菊糖苷的所有甜味成分都具有甜中带苦涩味或类似甘草余味的特点，是由于其结构中具有甜味的亲水性糖基与疏水性、苦味的甜菊醇苷元部位的影响。莱鲍迪苷 A 的甜度倍数最高，甜味相对较好，而甜叶菊苷的甜味出现迟缓，浓度过高时略带苦味，且余味长。为了降低甜菊糖苷的苦涩余味，人们通过尝试制备微型胶囊，加入风味增强剂与口感改善剂，或与其他甜味剂进行复配来使用。

根据我国 GB 2760—2014 规定，甜菊糖苷可用于风味发酵乳、冷冻饮品、蜜饯凉果、熟制坚果与籽类、糖果、糕点、餐桌甜味料、调味品、饮料类、果冻、膨化食品、茶制品、调制乳、水果罐头、果酱、杂粮罐头、即食谷物、调味糖浆、配制酒 19 大类食品和饮料中，最大使用量以甜菊醇当量计为 0.17～10g/kg。2016 年国家卫生和计划生育委员会第 8 号公告批准葡萄糖基甜菊糖苷（酶改质甜菊糖）配制成食品用香精，用于各类食品（部分不能添加食品用香精的食品类别除外），添加量可以按生产需要适量使用。

甜菊糖苷除了可作为甜味剂或香料使用外，还具有一定的药理作用，例如降血压、降血糖、抗炎、抗肿瘤、抗腹泻等，因此甜菊糖苷被广泛应用于各类食品、饮料、医药、日化产品中。

4.3.2 罗汉果甜苷

20 世纪 80 年代，从罗汉果中分离并鉴定了第一个甜味成分——罗汉果苷Ⅴ，也是其果实中主要的甜味成分，在罗汉果鲜果、干果、叶、茎等部位均含这一甜味化合物。进一步的研究又发现了另外七个罗汉果甜苷，分别为罗汉果苷Ⅱ、Ⅲ、Ⅳ、Ⅵ、异罗汉果苷Ⅴ、赛门苷Ⅰ以及 11-氧化-罗汉果苷Ⅴ。这些罗汉果甜苷的化学结构中都具有相同的葫芦烷型三萜罗汉果醇的苷元骨架，只是苷元上所连接的糖链不同，其中罗汉果苷Ⅳ、罗汉果苷Ⅴ以及赛门苷Ⅰ为罗汉果中主要的高倍甜味成分，其甜度分别为蔗糖的 233～392、250～425 以及 563 倍。

2009 年 FDA 通过了对于美国市场 PureLo 罗汉果浓缩汁产品安全可靠（GRAS）的认证，BioVittoria 公司收到了 FDA 无反对意见的信件（GRN NO.301）。2011 年，桂林莱茵生物科技股份有限公司的罗汉果浓缩汁产品（GoLuo 品牌）通过了 FDA 安全可靠（GRAS）的认证，该公司收到了 FDA 无反对意见的信件（GRN NO.359）。罗汉果提取物成为第二个被 FDA 批准使用的天然甜味剂，同时确定了罗汉果浓缩汁人体每日摄入量为 25mg/kg 体重以下。

根据我国 GB 2760—2014 规定，罗汉果甜苷可用于调制乳、风味发酵乳、干酪、冷冻饮品、加工水果、豆类制品、坚果和籽类、发酵面制品、杂粮制品、方便米面制品、焙烤食品、预制肉制品、再制蛋、其他甜味剂、鲜味剂和助鲜剂、复合调味料、各种饮料、酒、果冻、茶制品、膨化食品等几乎所有的食品和饮料中，并且未对最大使用量进行限制。

罗汉果提取物除了可作为高倍甜味剂使用外，还具有一定的药用及保健作用。

罗汉果提取物和罗汉果苷V对胰岛素分泌有显著的促进作用，对糖尿病人具有血糖调节作用，可能对于Ⅱ型糖尿病具有防治作用。罗汉果甜苷具有安全无毒，不升高血糖，止咳祛痰的功效，还具有增强免疫、清除自由基及抗氧化活性的作用。随着相关研究的深入，生产工艺的改进，产品质量的不断提升，罗汉果甜苷作为一种新型天然甜味剂必将有更广泛的用途。

4.3.3　甘草酸

甘草酸是从豆科植物甘草、胀果甘草、光果甘草等植物中分离到的五环三萜皂苷类高倍甜味成分，它的化学结构是由 B. Lythgoe 和 S. Trippett 于 1950 年确定的。甘草甜素是甘草酸钙、镁和钾的混合物。

甘草酸最常用的形式是甘草酸单铵盐，它是一种白色至棕色的固体，可自由溶解于热水中，在所有浓度下都带有苦和甘草的余味，以及甜味延迟、甜味逗留。

目前甘草酸在有限的范围内作为甜味及风味物质使用，但由于它起始的低甜度及较长时间的甘草余味，限制了其作为蔗糖替代物的使用。美国于 1985 年批准了甘草酸单铵盐和相关的甘草甜素作为天然香料，但不包括其作为甜味剂的用途。根据我国 GB 2760—2014 规定，甘草酸一钾、甘草酸三钾、甘草酸铵可用于蜜饯凉果、糖果、饼干、肉罐头类、调味品、饮料类 6 大类食品和饮料中，并且使用量为按生产需要适量使用。

4.3.4　赤藓糖醇

赤藓糖醇（ERY）存在于各种食物中，如葡萄、梨、甜瓜和蘑菇，它的天然形式是内消旋异构体。也可通过生物发酵来生产赤藓糖醇，生产菌株可以为 *Moniliella pollinis*、*Trichosporonides megachiliensis* 和 *Candida lipolytica*。ERY 为晶状固体，25℃时在水中的溶解度大约为 37%，在固体状态及溶液中都非常稳定。由于它对高温也很稳定，因此可用于烹饪、烘焙和糖果中。

ERY 的甜度为蔗糖的 0.6～0.7 倍，其风味特征与蔗糖相似。当品尝固体 ERY 或含有它的固体产品时，还有清凉的效果。赤藓糖醇可与其他高倍甜味剂，如阿斯巴甜、纽甜、莱鲍迪苷 A、罗汉果甜苷等混合使用，它可通过降低甜味逗留、加速甜味出现来改善口感。

根据我国 GB 2760—2014 规定，赤藓糖醇可用于调制乳、风味发酵乳、冷冻饮品、加工水果、食用菌和藻类、坚果与籽类、饮料类、茶制品、果冻、膨化食品、配制酒等 80 多大类食品和饮料中，且未对最大使用量进行限定。

4.3.5　索马甜

西非植物 *Thaumatococcus daniellii* 果实的甜味成分被称为索马甜（THM），其结构先是由联合利华的 Van der Wel 和他的同事进行了经典的结构鉴定工作，之后由加州大学伯克利分校的 Kim 和他的同事完成了 X 射线晶体结构鉴定，最后确定了索马甜是一个具有 8 个二硫键，含有 207 个氨基酸的单链蛋白。

索马甜为固体，在 25℃时在水中的溶解度大约为 60%，处于干粉状态时非常稳定，当 pH 为 3.0~6.0 时在水溶液中也很稳定。索马甜在所有浓度下都会显示出苦和类似甘草的异味，且甜味出现滞后以及明显的甜味逗留，因此主要是应用于混合物中。

在美国，索马甜还未作为甜味剂应用于食品或饮料，而只是作为食用香料使用。根据我国 GB 2760—2014 规定，索马甜可用于冷冻饮品、加工坚果与籽类、焙烤食品、餐桌甜味料、饮料类共 5 大类食品及饮料中，最大使用量为 0.025g/kg。

4.3.6　木糖醇

木糖醇拥有大约和蔗糖一样的甜度，可以作为蔗糖的代替物。由于木糖醇不能被细菌利用导致蛀牙，所以这种甜味剂在无糖口香糖和利牙产品中应用。因为代谢不受胰岛素调节，对糖尿病和糖尿病前期患者来说也是安全的。当前食品和饮料应用包括餐后甜点、冰激凌和其他乳制品；果酱、涂抹面包和水果配料；焙烤食品；烘烤食物；方便酱料和像口香糖一样的糖果产品。

4.3.7　蔗麦糖

蔗麦糖，商标名字为 Xtend®，可以从 Cargill 公司购得。它可以提供碳水化合物的口感和甜味而不会对血糖有影响，适合在热量要求稳定释放的领域应用。它缓慢的消化性和降低血糖指数的性能，有助于身体能量的均衡释放。

蔗麦糖有比蔗糖和葡萄糖更低的血糖反应，并且有 70％的蔗糖甜度。蔗麦糖可以在大量的食品配方中应用，包括营养棒、饮料、冰激凌和其他乳制品、果酱和果冻、布丁、明胶和酸奶中。

4.3.8 塔格糖

一项关于塔格糖的感官特性和相对甜度的研究在美国俄勒冈州立大学展开，和蔗糖、三氯蔗糖、赤藓糖醇和莱鲍迪苷 A 相比较，塔格糖是一种新型的具有许多功能性质的天然低热量甜味剂。结果显示，塔格糖在很宽的浓度范围内能引起良好的甜味，同时不会产生不良风味（苦味、涩味和化学味）。在整个浓度测试中，塔格糖产生了和蔗糖大致相同的相对甜度，然而，其他甜味剂的相对甜度依赖于很高的浓度。

塔格糖具有蔗糖甜度的 92％，不会升高血糖水平，更适合糖尿病患者和糖尿病前期患者。它还具有益生元效应。

4.3.9 异麦芽酮糖

异麦芽酮糖，也称为帕拉金糖，曾被作为新生代甜味剂。它来源于甜菜，可完全消化为葡萄糖，并以葡萄糖的形式提供较长时间的热量供应。和高血糖指数的甜味剂相比，它增加的血糖水平较少，并在更长的时间保持其稳定。而且，研究表明，在休息和体力活动时它都可以促进人体自身的脂肪氧化。

BENEO 公司已利用帕拉金糖和甜菊糖苷组合制作了一种对牙齿比较好的且可以完全消化的口香糖。据报道，该配料组合展示了糖的甜味，并成功地掩盖了甜菊糖苷带有的甘草般的异味。帕拉金糖可以像蔗糖一样进行加工。其缓慢溶出动力学性质有助于其对香精的缓释作用，并且其较低的吸湿性可以提高口香糖胶基的保质期。

4.4 新型甜味剂加速开发转化平台

Nutrinova 公司已经推出了一个新的关于低热量或无热量甜味剂食品或饮料的

交流平台，这家公司便是安赛蜜的发明者。

Nutrinova 开发的这个平台满足了企业为寻找具有更好口感零热量甜味剂的需求，它简化了配方的加工，因此企业可以更快地向市场推出新产品。在过去，生产商管理着多个甜味剂配料和组合，以创建所需的口感。这个平台的开发提供给生产商在线解决方案的模式，在这个解决方案中可以选择单独配料去补充其他甜味剂的不足。

在这个新平台下推出的第一个在线解决方案是 Sunsation Sunett SL。这个体系由 Sunett、其他高强度甜味剂和一些特殊的可以提供清爽甜味的配料组成，使它的味道比相同的产品更接近蔗糖。

Sunsation Sunett SL 可以被用在很多饮料中，包括碳酸能量饮料、鸡尾酒和固体饮料混合物、酸奶和其他奶制品。它在果汁和柠檬水中也很有潜力。

4.4.1 风味增强剂的设计和应用

David Michael 公司的甜味增强剂，Sweetness Advantage，是专门为和 Advantame 产生协同作用而设计的。Advantame 是由 Ajinomoto（味之素）公司开发的一种新型高效甜味剂和风味增强剂。

Advantame 来自于阿斯巴甜和香兰素的组合，它的甜度约是蔗糖的 20000 倍，阿斯巴甜的 100 倍，零热量，甜，更像蔗糖的口感，无不良的口味特征。它更适合低热量或零热量产品，可应用在烹饪和焙烤中。其最显著的优点包括清爽的口感、优异的功能性和成本低等。在保持产品相同口感或提高其滋味和风味的同时，Advantame 可以部分取代蔗糖、高果糖玉米糖浆或者其他高强度甜味剂以降低成本、热量和糖的含量。Advantame 在乳制品、冷冻甜点、饮料和口香糖中应用得到了美国食用香料和萃取物制造者协会（FEMA）批准。

当 Sweetness Advantage 和 Advantame 一起使用时，Sweetness Advantage 的作用是填补前期甜味的缺陷，掩蔽一些短暂的余味，理顺整体的甜味，使产品更接近蔗糖的味道。Sweetness Advantage 是一种可应用在 Advantame 中被批准使用的产品里的甜味剂，其中天然和人工的均无特征性的味道，包括非酒精饮料、奶制品。Sweetness Advantage 和 Advantame 的使用可以在不牺牲口感的前提下降低热量。这款组合甚至比全糖产品更节约成本。

4.4.2 甜菊糖为基础的糖浆混合物

波兰的甜叶菊贸易公司开发了一种以甜菊糖为基础的糖浆混合物，用来代替饮料中的高果糖玉米糖浆（HFCS）。该糖浆混合物是提取物、天然风味和增稠剂的专有结合，用来提供跟 HFCS 相同的口感，和一种没有余味的甜味感觉。

甜菊糖混合糖浆由甜菊糖制成，比蔗糖要甜 200～300 倍，但它在饮料中所提供的热量是可以忽略不计的。它的甜味来自南美洲植物——*Stevia rebaudiana* 叶子中的两种重要的甜菊糖苷。这种糖浆中至少存在有 100 种或者更多的化学成分影响它的风味感官特性。

"甜菊糖在保质期内的 pH 都比较稳定，使这种混合物完美地适合酸性饮料，如软饮料。"Steviva 贸易公司董事长 Thom King 说，"它的风味组合和可乐作用时特别好，因为它的中性性质使它也可以和其他口味组合。"

4.4.3 糖醇和甜菊糖混合物

Erylite® Stevia，是 Jungbunzlauer 公司生产的一种新的甜味剂，是糖醇和高纯度的甜叶菊提取物 Rebaudioside A 的混合物。

这样一组方便实用的混合物，可以提供不同程度的甜味，能够创造一种真糖样的口感，而不用添加或者是掩蔽剂。它可能可以在所有的食物和饮料产品中用作糖的取代品，或者作为可供选择的人工生产的重要甜味剂。饮料中利用任一 Erylite® Stevia 品种可以很容易地制作零热量产品。

4.4.4 棕榈糖

棕榈糖，商品名 Suchero，是一种低血糖指数的糖，血糖指数为 35，可以作为日常的甜味剂在焙烤食品、能量棒和饮料中使用。这款甜味剂是纯天然产品，并由新泽西州 Closter 市的 American Key Food Products 公司推进北美市场。

"因为这种糖由棕榈树的树液制成，通过温和的非化学处理，因此它保留了非常高的营养价值。"公司的 COO Mel Festjo 解释道，"它拥有比较吸引人的浅棕色和温和的、具有坚果味和甜味的口感。"这种甜味剂非常适合用在糖尿病患者饮食的配方中。

4.4.5 甜菊糖+罗汉果提取物

天然甜味剂 Lovia 是甜叶菊的提取物 Rebaudioside A 和罗汉果中的主要甜味成分按特定比例组成的混合物。这款产品由 Layn 公司推出,甜度为蔗糖的 30～100 倍。

根据公司介绍,这种甜味剂通过削弱甜叶菊糖的苦味成分和利用罗汉果的前末端甜味,提供更丰满、持续更长久的甜味。它能被用在较多的食品和饮料产品中,并且适合糖尿病患者和要控制体重的人,在传统配方中也是可以用的。

4.4.6 甜菊糖/糖混合物

新型甜菊糖和糖的混合物最近才进入甜味剂行列中,由美国佛罗里达州的 Domino 公司提供。其产品 Domino Light 被认为是全天然的纯蔗糖和甜菊糖的混合物,只有蔗糖一半的热量。该产品通过把零热量的天然甜叶菊提取物和蔗糖混合,使蔗糖伴有天然的风味来增强其口感。

4.4.7 甜菊糖苷和糖混合物

两种高纯甜菊糖苷成分,Optesse HPX 和 Optesse HPS,为日常饮食和低卡路里食物和饮料提供了优异的口感和更好的价值。华盛顿州贝灵汉市 Sweet Green Fields 公司是总部设在美国的、甜叶菊提取物全球领先的生产商,公司扩大了其产品组合,包括这两个天然甜味剂解决方案。

Optesse HPS 由纯净的 Rebaudioside A 组成,在软饮料和焙烤食品中理想的应用是与含 33%～50% 还原糖的混合配制,其优点是澄清和低热量。

Optesse HPX 适合比较复杂的风味体系,或者适合零热量或低热量产品的开发中。

4.4.8 甜叶菊甜味剂

一个新的"源于天然,只为甜味"的甜叶菊甜味剂的应用,是由 Cargill 公司为进一步引导消费者意愿,试用并采用该公司的以甜菊糖为基础的 Truvia 产品而发起的。据 Cargill 公司报道,自 2008 年公司的甜菊糖类甜味剂在美国打开市场以来，Truvia 品牌已经领导了天然甜味剂领域，并且占据了 61％的市场份额。

"Truvia 品牌是第一款打开市场的甜菊糖类甜味剂，它提供给消费者一个天然的选择以平衡他们日产饮食中的糖和热量"。公司的 Truvia 品牌全球消费产品董事——Mark Brooks 说，"由于我们会继续领导天然甜味剂的这一新种类，我们希望是消费者通过关注产品的来源——甜叶菊植物，来了解我们的 Truvia 产品。"

甜叶菊甜味剂的应用促进了一些新产品的相继推出，包括 Truvia Baking Blend，像糖一样焙烤和变色，但每份可以减少 75％的热量。零热量的甜味剂在食品和饮料中，已经逐渐成为非常热门的配料，包括酸奶、谷物棒和果汁。

4.4.9　饮料中蜂蜜的使用

蜂蜜是天然的甜味剂，适合用于果汁、茶、苏打水、含乳产品和酒精饮料。科罗拉多天然蜂蜜研究会（NHB）启动了一个网站，以促进蜂蜜的使用并使饮料工业受益。NHB 目前已经和焙烤、零食、乳制品和糖果工业建立了联系。

4.4.10　罗汉果提取物

天然甜味剂 Blue Sweet LHG 源自罗汉果，产自加利福尼亚州的 Blue California 公司。这种配料以 Mogroside V 为标准，可以作为糖和人工甜味剂的天然取代物。

根据该公司介绍这个提取物的甜味是糖的 300 倍，可以提供可观的口感、优异的溶解性和几乎为零的热量。配料可以根据食品的要求生产不同浓度的产品。它可以用在蛋白粉、营养棒、饮料、谷类食品、餐后甜点、酸奶、口香糖和巧克力中。

4.5　减少糖使用的模型

旧金山 Wixon 公司 Impact Program 的一部分 Magnifique 技术可以在不改变风味的基础上减少配方中糖的浓度。

在 IFT（美国食品科学技术学会）Wellness 第 13 次会议上，Wixon 公司展示了低糖产品的原型，如低脂肪巧克力和肉桂豆酱等。方便巧克力布丁和 Sweet Lift & Stevia 一起使用，和美国主导品牌的布丁相比要减少 80％的糖。同时被展出的和

Magnifique Sugar Lift 一起制作的 Wild Berry Pomegranante Energy Martini（野莓石榴能量马丁尼）可以减少 30％的糖。

4.5.1　低糖和膳食纤维

菊粉，是由菊芋、菊苣的块茎所生产的一种低聚糖。一家菊粉的生产商 Sensus America 公司现已经开发一种天然的、低热量的、以菊粉为基础的甜味剂，Frutalose® SF75，为帮助生产商降低他们产品中的蔗糖而设计。

根据该公司介绍，此配料可以产生 65％的蔗糖甜味，同时可以提供糖或玉米果糖糖浆的功能。在焙烤食品、乳制品和谷物棒中应用。

除了其作为甜味剂使用，此成分被临床证明还是益生元，可以维持消化系统的健康和控制体重。据说它含有 75％可溶性膳食纤维，每份可以增加 3～5g 的纤维。

因为其特有的功能性质，该公司描述其甜味成分的优点在于"糖退出和纤维进入"。

4.5.2　龙舌兰花蜜生产的甜味剂

龙舌兰花蜜生产的甜味剂是天然液体甜味剂，由佛罗里达州 Domino 公司生产，原产于墨西哥。据公司介绍，龙舌兰花蜜来自有机种植的蓝色龙舌兰，这种植物可以产生最好质量的花蜜作为甜味剂。

由于龙舌兰花蜜是天然的甜味产品，归类到低血糖指数行列中，并制作为多功能的理想甜味剂。加热后，龙舌兰花蜜便会变得纯净，依据加热的程度，龙舌兰花蜜能够产生两种风味，Light Agave Nectar 和 Amber Agave Nectar。前者在饮料或食谱中应用时，能够提供纯净的甜味而不会带入其他风味。后者提供像焦糖样风味，适合早餐的甜味增加，如煎饼、燕麦片或麦片。

4.5.3　甜菊双苷 A 的提取方法

Sweet Green Fields 公司开发了一种高效提取甜菊双苷 A（Rebaudioside A）的方法。该公司声称他们特有的提取方法可以比工厂传统的提取方法在生产周期上快 33％～50％，从而使加工更加高效和具有成本效益。

由"快速沉降加工"可知，压力驱使 Rebaudioside A 从中等纯度的甜叶菊提取物中沉淀出来，转变为 95％ 或更高纯度的 Rebaudioside A 粉末。据说另一个关键区别是加工对水和食品级乙醇比较依赖，而对甲醇或木醇完全相反。

4.5.4　甜味乳清渗透物

甜味乳清渗透物 SemperSan 被证明有抗糖尿病效果，该产品由奥地利的 Beteiligungs 公司开发。据报道，SemperSan 可使血糖水平稳定，降低糖尿病的风险。

在食品中使用 SemperSan，可作为甜味剂代替物或混合物，使食品工业可以解决新陈代谢综合征，通过大众食品，比如软饮料、乳制品、糖果的消费，预防该疾病的发生。该产品优先考虑用到具有较高含糖量的传统产品中。

甜味乳清渗透物使糖尿病友好型产品的开发成为可能，作为一款大体积的配料，它可以被用在现有的加工技术中。

4.5.5　罗汉果和蔗糖结合的甜味剂

罗汉果和蔗糖结合的甜味剂可提供糖的甜味而不带入任何合成的颜色、滋味或香味，该产品由德克萨斯州 Imperial Sugar 公司开发，叫做 NatureWise。Nature-Wise 甜味剂，实际由公司内部的一个专业部门，设计了一组产品组合，包括零热量和低热量天然甜味剂，特殊天然甜味剂和玉米高果糖糖浆天然代替物。这些天然代替物可帮助满足爱吃甜食的人，同时提供健康的好处和甜味。

NatureWise 已结合罗汉果和蔗糖作为甜味剂，有三分之一的蔗糖热量，但可提供两倍的甜度。

4.5.6　蔗糖和甜叶菊糖结合的甜味剂

天然低热量甜味剂 SugarLeaf 是通过结合甜菊糖苷和蔗糖制成。此产品作为更健康的甜味剂和人工甜味剂的替代品，可从 Wisdom Natural Brands 公司购得，该公司是 SweetLeaf® 甜叶菊甜味剂的母公司。

利用 SweetLeaf 可以减少三分之二的热量和碳水化合物。适合烹饪和焙烤，此产品可提供像糖一样的甜味和颜色。此配料可用在像面包、松饼和餐后甜点这样的焙烤配方中，以提供低热量、甜味和糖的焙烤特性。

4.5.7　降低甜味剂的使用

由甜叶菊提取物和不同香料结合的零热量甜味剂，可以点滴的形式添加到多种食品和饮料中，包括咖啡、燕麦、酸奶等。Wisdom Natural Brands 公司的 Sweet-Leaf Liquid Stevia Sweet Drops 来源于多种可以提供新鲜感而不含热量的香料。

以前这种产品主要供应给糖尿病患者，而现在它可作为日常饮食中的甜味剂。全部 17 种香料以易于使用的滴管瓶形式来盛放，所以消费者可以根据自己的要求增加或减少使用量。

4.5.8　三合一甜味剂

Briess Malt & Ingredients 公司生产的三种天然甜味剂，在 2013 年美国西部天然产物博览会上被专门推销。三合一的甜味剂均为纯净的、微加工产品，并能解决配方问题，同时帮助实现标签上的要求。

BriesSweet® Tapioca Syrup 是无麸质的，并可作为 1∶1 的玉米糖浆的替代物。它被用在膨化玉米中。

BriesSweet White Sorghum Syrup 可为 1∶1 麦芽提取物的代替物，在无麸皮食物中帮助褐变，并可以增加多种食品的甜味。它已经应用在了燕麦棒中。

Maltoferm® CR45 Malt Extract 用于焙烤食品、蜜饯、调味酱、预处理食品、营养棒、谷物等食品中，有提升食品功能、调整风味和颜色等作用。此甜味剂可以取代糖蜜饼干中所有的糖蜜，创造一种"麦芽蜜"饼干。

4.6　消费者关心的糖摄入量

在 Mintel Research Consultancy（Mintel 研究咨询公司）的一项新的研究中，有 21％的消费者关心所有饮料和食品中糖的消费量；但当考虑到焙烤食品、饮料、乳制品和调味制品时，仅 3％的人关注高果糖浆（HFCS）的消费量。

通过调查消费者行为，Mintel 的研究也发现更多的消费者在读标签中的总糖（31％）而不是 HFCS（4％）。根据 41％的受访者，卡路里含量是食品标签中被关注得最多的信息。

4.6.1 蜂蜜的新形式

一种由 100％纯净的干蜂蜜做成的吸管，已经被加拿大 Island Abbey 食品公司开发出来。该公司扩大了它的 Honibe® 生产线来生产 Honey Delights® Suckers，此产品可以加工为多种类型，如纯蜂蜜型、柠檬纯蜂蜜型和樱桃纯蜂蜜型。除了可以满足喜欢吃甜食的人，这种吸管还可以加入薄荷和桉叶原料，以暂时缓解咽喉痛和鼻塞。

不同于市场中其他蜂蜜产品，仅含有很少的蜂蜜（一般少于 5％），主要是用精炼糖制成，这些产品由 100％的纯干蜂蜜制成，其作用是作为高效的载体传递蜂蜜的天然性质。蜂蜜已经被证实含有抗菌和抑菌特性，也可以作为抗氧化剂和营养物质。蜂蜜还可以作为糖尿病人和要求低摄入或限制摄入碳水化合物的人的甜味剂替代品，因为蜂蜜被认为有比精制糖还要低的血糖指数。

在 Honibe 商标下其他产品包括 Honey Drop®，一种由 100％纯干蜂蜜以非黏性固体的形式专为吸管使用；Honey Sprinkles，用于烹饪和焙烤；Honey Lozenges，用于咳嗽和感冒；Honey Delights，用于蜂蜜糖果。

4.6.2 下一代甜叶菊甜味剂

一个新型甜菊糖苷组合物作为下一代甜叶菊甜味剂由其生产商 PureCircle 公司发布。凭借其清爽糖样的口感，PureCircle Alpha 能够在食品和饮料中实现比公司现有的甜味剂降低更多的热量。

该公司已经提升了该产品的产量，它可以被用在许多产品中，包括碳酸饮料、茶饮料和乳制品。通过严格的测试和感官评价，显示和其他甜叶菊配料相比，该产品可以提高口感和甜味。

4.6.3 EFSA 的风险评估与阿斯巴甜

欧洲食品安全局（EFSA）已经公布了一份公众咨询关于人工甜味剂阿斯巴甜的安全性的科学意见草案。EFSA 的专家已借鉴了所有的关于阿斯巴甜和其细分产品的可用信息，并进行了详细而有条理的分析。在这份意见草案中他们总结，在目前阿斯巴甜使用水平下对消费者不构成毒性。对于大众人群来说现行的每日允许摄入量（ADI）是安全的，且消费者接触到的阿斯巴甜低于 ADI 值。

4.6.4　使用了水果衍生甜味剂的巧克力

为满足巧克力中替代甜味剂解决方案的要求，Barry Callebaut 公司开发了 Sweet by Fruits™，据说是市场上的第一个全部来自水果的全天然糖来增甜的巧克力。

该公司首席创新官 Hans Vriens 强调："这种巧克力不含有任何精制糖和人造甜味剂"。它由精选可可豆制成，并由来自水果的糖（像苹果、葡萄等）增加甜味而不影响巧克力的味道。

4.7　未来甜味剂战略

目前降低糖含量的策略主要集中在各种甜味剂和增甜体系的开发上。但是正如 TIC Gums 公司证明的，在这个领域的创新可能很容易传播到其他配料领域。该公司采用胶体混合物和胶体体系以模仿食品中的糖由人造甜味剂替代时所失去的质构、形体和胶黏性。例如，用在高强度甜味剂的无糖液体产品中，Ticaloid Syrup SF1 可以加固和重建质构，同时 Ticaloid Syrup OC1 提供了典型的糖光滑稳定性和质构。在创造低糖食品时，足够的黏性也是生产商关心的因素。在糖浆黏度和消费者品尝欲望方面，糖提供了必要的支持。为满足在低糖时结构和稳定性的需要，特别是在格兰诺拉燕麦卷和能量棒中，为提高颗粒间的黏合性，TIC Gums 公司开发了 Add-Here 3200，以通过与糖浆结合改善其成膜性。

研究者也在寻找可能具有新的甜味解决方案的代替途径。荷兰研究团队 NIZO 的科学家已经发现，通过在口腔中味感强度的交互作用，他们（这些呈味物质）有助于降低糖的含量。他们的研究为传统糖的替代品提供了一个可选的解决方案。根据该公司的报道，研究者研究了不同浓度变化的蔗糖对甜味强度感觉上的影响。他们发现随着蔗糖浓度的降低，感觉到的甜味强度反而上升。

普渡大学的 Whistler 碳水化合物研究中心的科学家 Bruce R. Hamaker 等发现一种控制可导致糖尿病和肥胖症的糖的消化吸收方法。并声称他们可以在人的消化系统中启动或关闭负责把淀粉水解成糖的酶，他们相信这个发现将使他们在糖尿病和肥胖者中更好地控制这个过程。四种小肠酶称作葡萄糖苷酶，主要负责将淀粉消化成葡萄糖。每一种酶的表现不同，以不同的速率将淀粉降解为不同的糖。某些人可能缺失这些酶的一种或几种，以至于葡萄糖发生异常。如果这些酶可以被选择性限制，这降低了体内葡萄糖产生的可能性，同时，根据某些生理反应诱导葡萄糖在小肠的不同部位被释放。

5.1 鲜味剂的概念

鲜味剂在食品工业中有着广泛应用，对肉、乳、禽、蔬菜、水产类甚至酒类都起着良好的增味作用。近年来，随着人们生活水平的提高和"崇尚自然、回归自然"生活理念的形成和高新技术的运用，鲜味调味品已经历了味精、特鲜味精、风味型调味品和营养型调味品四代产品发展历程。在鲜味剂研发方面，不外添加味精的纯天然鲜味剂作为新型鲜味剂必将成为调味品行业发展的重要趋势。

新型天然鲜味调味料将是一类区别于味精及其呈味核苷酸盐复配物的新型鲜味剂，主要指以动植物水解蛋白及酵母提取物等为基料，运用高新工艺加之呈味核苷酸与谷氨酸钠复合（所产生的鲜度相乘效应），并添加香辛料或食用香精等经混合、制粒和干燥等工艺加工而成，可完全替代味精的鲜味剂。它符合消费者重视产品天然属性和环保属性的需求，并具有风味自然丰富、余味悠长、增鲜增香、能够满足各类消费者的味感要求等特点，可广泛应用于各种食品的加工和生产。

5.1.1 鲜味剂种类

目前国内市场上主要的鲜味剂有核苷酸类的 5′-肌苷酸二钠（IMP，简称 I）、5′-鸟苷酸二钠（GMP，简称 G）和 5′-呈味核苷酸二钠（I+G）；氨基酸类的谷氨酸、甘氨酸；有机酸类的干贝素；有机碱类甜菜碱、氧化三甲胺；复合鲜味剂类的酵母提取物、大豆水解蛋白肽粉、鸡鲜肽、牛肉粉等。

核苷酸类鲜味剂在食品的呈鲜方面具有重要贡献，其属于芳香杂环化合物，结构上具有空间专一性，其鲜味要远远强于味精。I 和 G 属于核苷酸类鲜味剂，是 30 多种具有鲜味特性的核苷酸及其衍生物中最具有代表性的两种物质。I 和 G 单独使用时，鲜味效果没有复合时强，并且不耐高温蒸煮。在加热蒸煮的过程中，鲜味逐渐减退，使得最终产品在入口时，效果打折扣。

有机碱类鲜味剂中具有呈鲜作用的典型代表是甜菜碱和氧化三甲胺。甜菜碱在动、植物和微生物中存在较为广泛，不仅可以提高饮料的鲜味，还可与谷氨酸钠、天冬氨酸、次黄嘌呤核苷酸、琥珀酸等呈味物质共同作用，使海产品呈现特有的鲜味。

在氨基酸类鲜味剂中谷氨酸钠是最具代表的一类鲜味剂，且我国味精的年产量和年消费量均居世界首列。谷氨酸钠鲜味单一，鲜味在口腔内保留时间较短，研究报道谷氨酸钠的过多摄入造成的"味精综合征"能扰乱人体内分泌，引起肥胖、脑损伤、视网膜脱落、肝炎以及发育不良等一系列症状。甘氨酸主要在一些虾、蟹、海胆、鲍鱼等海产及动物蛋白中含量丰富，是海鲜呈味的主要成分，在软饮料、汤料、咸菜及水产制品中添加甘氨酸可产生出浓厚的甜味并去除咸味、苦味，与谷氨酸钠同用增加鲜味。此外，茶叶中还存在一种特有的呈鲜氨基酸——茶氨酸，其水溶液呈鲜甜味，并且能够与多种氨基酸协同作用，在掩盖苦涩味的同时增加茶鲜味，目前尚未广泛应用于食品工业生产中。

干贝素即琥珀酸二钠，存在于鸟、兽、鱼类的肉中，尤其是在贝壳、水产类中含量甚多，在香菇中也存在。目前我国批准使用的有机酸类鲜味剂仅有琥珀酸二钠，其阈值为 0.39mg/mL，当琥珀酸二钠与食盐、谷氨酸钠或其他有机酸（柠檬酸）合用时，可使鲜味增强，且在高温、高压、酸性等条件下，琥珀酸二钠具有良好的稳定性。

酵母提取物的主要成分是氨基酸、肽，具有调味、营养、保健等特性。酵母抽提物有复杂的调味特性，由于其成分中氨基酸和肽的作用，调味时显著增加产品的醇厚味、增鲜增咸等，并有屏蔽异味和异臭的功能。酵母抽提物可分为液状、膏状、粉状或颗粒状。

大豆水解蛋白肽和鸡鲜肽均属于鲜味肽类，鲜味肽由食物中提取或经氨基酸合成得到的具有鲜味特性的小分子肽，其分子量为 150～3000Da。鲜味肽来源非常广泛，在大豆、乳酪、肉类、蘑菇、水产品等蛋白质含量丰富且具有良好滋味的食物中均存在，其不仅可直接增强食品的口感，还可与食盐、谷氨酸钠等相互作用，提升食品鲜美醇厚的口感。随着人们对天然调味品需求的日益增加，近年来国内针对呈味肽的研究越来越多，从天然食物中获取具有良好呈味特性的鲜味肽也成为当前开发新型鲜味剂的一个重要研究方向。

5.1.2 影响鲜味剂鲜味效果的因素

5.1.2.1 高温

加热对鲜味剂有显著影响，但不同鲜味剂对热的敏感程度差异较大。通常情况下，氨基酸类鲜味剂稳定性能较差，易分解。因此，应在较低温度下使用氨基酸类鲜味剂。核酸类鲜味剂、水解蛋白、酵母抽提物较耐高温。

5.1.2.2 pH 值

味精在使用性能上，抗 pH 特性不好，在等电点（pI＝3.2）时，鲜味最低。在 pH 值 5.5～7.0 时鲜味最强，当 pH 值小于 4.0 时鲜味较小，当 pH 值大于 7.0 时由于形成二钠盐而鲜味消失。原因是鲜味的产生可能是由于 $\alpha\text{-NH}_3^+$ 和 $\gamma\text{-COOH}$ 基团之间静电吸引形成类似五元环状结构；在酸性和碱性条件下它们之间的静电引力减弱，因而鲜味降低或消失。L-谷氨酸钠在 pH＜5 的酸性条件下长时间受热，会发生分子内脱水生成焦谷氨酸钠，结果是鲜味消失。

IMP 在 pH 值 4～6 范围内，100℃加热 1h 几乎不分解；但在 pH 值 3 以下的酸性条件，长时间加压、加热时，则有一定分解。固态 IMP 和 GMP 比较稳定，但在 pH3.0、115℃的溶液中加热 40min 损失 29％，在 pH6.0 进行同样的加热则损失 23％。可见 IMP 和 GMP 的热稳定性与它们的状态和酸碱度皆有关。IMP 和 GMP 的溶解度大小和溶剂、温度呈正比关系。

酵母味素在低 pH 情况下不产生混浊，保持溶解的状态，使鲜味更柔和。目前对于 pH 对鲜味肽类等物质的呈鲜影响尚未研究清楚。

5.1.2.3 食盐

所有鲜味剂都只有在含有食盐的情况下才能显示出鲜味。这是因为鲜味剂溶于水后电离出阴离子和阳离子。阴离子虽然有一定鲜味，但如果不与钠离子结合，其鲜味就不明显。只有在定量的钠离子包围阴离子的情况下，才能显示其特有的鲜味。这定量的钠离子仅靠鲜味剂中电离出来的钠离子是不够的，必须靠食盐来供给。

5.1.2.4　鲜味剂的协调效应

鲜味剂之间存在显著的协同增效效应。这种协同增效不是简单的叠加效应，而是相乘的增效。在食品加工或家庭的食物烹饪过程中，并不单独使用核苷酸类调味品，一般是与谷氨酸钠配合使用，有较强的增鲜作用。市场上的强力味精等产品就是以谷氨酸钠和 IMP、GMP、水解蛋白、酵母抽提物复配，从而增加其鲜味强度。

5.1.2.5　其他物质

通常情况下，氨基酸类鲜味剂在大多数食品中比较稳定，但核酸类鲜味剂（IMP、GMP、I+G）对生鲜动植物食品中的磷酸酯酶极其敏感，易导致生物降解而失去鲜味。这些酶类在 80℃ 温度下会失去活性，因此在使用核酸类鲜味剂时，应先将生鲜动植物食品加热至 85℃，将酶钝化后再加入。

有些条件下，鲜味剂会与其他物质发生化学反应，可能对其使用效果产生影响。例如，谷氨酸在 Zn^{2+} 存在的条件下会发生反应生成难溶解的盐类，从而影响使用效果。

5.2　鲜味剂的制备技术

在新型鲜味剂的制备过程中可利用特定的酶作为风味物质产生的生物催化剂，将风味前体物质通过化学或生物法转变为风味物质，还可以激活食品中内源酶诱导合成风味物质，或钝化食品中的内源酶避免异味的产生以改善食品的风味，此外还可利用如植物组织培养法、微生物发酵法等生物技术来生产风味物质。新型鲜味剂主要以动植物水解蛋白及酵母提取物等为基料，在基料制备过程中主要涉及的关键技术有定向可控酶解技术、控制热反应技术、微胶囊包埋技术、稳定增效技术等。

5.2.1 定向可控酶解技术研究

定向可控酶解技术是根据原料特性采用的特定酶解方法和工艺条件以获得最佳的水解效率和酶解物呈味特性。定向可控酶解技术将基于所制备鲜味剂基料的原料不同，研究不同种类酶作用后的蛋白的水解度、氮提取率、肽提取率以及呈味特性，同时也分析酶解物的功能特性与水解度之间的关系，选择出最佳的水解蛋白酶；在此基础上，通过酶的合理选用与条件优化，控制疏水性苦味肽的生成比例，促进呈鲜味氨基酸、肽类等物质的生成，以蛋白水解度、呈味特性等为主要技术指标，研究制备具鲜味的蛋白水解物的酶解方法和工艺条件。

5.2.2 鲜味基料物质的分离富集技术研究

根据原料蛋白水解物的特性和分子量范围，通过各种富集分离手段包括膜分离技术、吸附分离技术及其组成的集成分离技术等现代分离技术，将鲜味成分进行分离提纯、浓缩富集，并通过感官评定探究鲜味物质的富集效果和阈值。

5.2.3 微生物发酵增香脱腥技术和微胶囊包埋技术

用发酵法制成核苷酸，然后用合成法引入某基团可使鲜味更强，如 5′-肌苷酸分子中引入甲硫基团，可使鲜度增加 8 倍。微生物发酵脱腥技术表现为在生产动物源鲜味剂基料中，多使用鱼、虾、贝及其可利用的副产物作为原料，通过微生物深度发酵脱除腥味和异味。微生物发酵脱腥以感官评定为依据，筛选出最佳脱腥微生物，对脱腥工艺参数进行优化。通过将呈味肽有效包埋，探讨优化微胶囊包埋工艺条件（壁材、麦芽糊精、β-环糊精和包埋时间等影响因素），充分保障产品的感官、营养、品质等质量指标。根据原材料的特点，通过微生物转化技术和微胶囊包埋技术联合解决产品的稳定性问题。

5.2.4 产品风味改良技术研究

美拉德反应产物（MRPs）是指原来食物中含有的糖类、蛋白质和脂肪，在加热时，糖类会降解为单糖、醛、酮及呋喃类物质，蛋白质会分解成多种氨基酸，而脂肪则会自身氧化水解、脱水和脱酸，生成醛、酮、脂肪酸和酯类物质。上述物质相互作用，产生许多原来食物中没有的具有独特香味的挥发性物质。分析富肽水解产物中不同分子量物质美拉德反应产物的呈味特点，通过感官评定比较富肽水解产物及美拉德反应产物的呈味差异，探讨不同物质及美拉德（Maillard）反应条件（时间、温度、pH、水分活度、金属离子等）对反应产物呈味影响，研究配料的组成和最佳反应工艺参数，确定美拉德反应增香的工艺条件。

5.2.5 鲜味控释技术

对水产废弃物的蛋白质进行酶解和糖基化改性，增强其乳化性能，使之能够成为运输和保护敏感活性因子的多功能载体；选择不同的改性蛋白和呈味肽进行配比，建立蛋白质-活性肽控释体系。

5.2.6 鲜味剂质量控制

研究分析鲜味剂基料及其产品在加工过程中的生物危害、化学危害和物理危害来源，找出关键控制点并确定关键值，建立适合于纯天然鲜味剂生产的质量控制体系。对鲜味剂基料及其产品的感官指标（外观、色泽、风味）、理化指标（水分、总氮、氨基态氮、砷和铅等）和微生物指标（细菌总数、大肠菌群和致病菌）进行测定，制定纯天然鲜味剂系列产品的企业质量标准。

5.3 新型鲜味剂的特点

新型鲜味剂可有效提升食品、调味品品质，鲜味剂中含有二肽、三肽和多肽等分子量不同的肽类物质，这些肽类的分子结构复杂程度不一，且具有一定鲜味、咸味、醇厚感等风味，将其统称其为呈味肽。例如典型鲜味风味肽——"美味肽" Lys-Gly-Asp-Glu-Glu-Ser-Leu-Ala，其他鲜味风味肽，包括 Glu-Glu、Ser-Glu-Glu、Glu-Ser、Thr-Glu、Glu-Asp 和 Asp-Glu-Ser，风味增强肽如 Gly-Leu、Pro-Glu 和 Val-Glu，它们可以有效地缓冲、掩蔽不愉快的气味和味道，增强食品的鲜味和风味。

新型鲜味剂可以替代味精在食品调味品中使用，弥补味精在水溶液中长时间加热或者爆炒，会失水而生成焦谷氨酸钠，使鲜味损失的缺点，且又因新型鲜味剂中富含核苷酸、氨基酸和呈味肽等，与味精相比具有良好的醇厚感和满足感。在食品调味品中应用新型鲜味剂不仅可以有效提升产品品质和档次，而且可以在保证健康的前提下满足对滋味的追求。

新型鲜味剂符合天然、安全、营养、保健的理念，具有蛋白质含量高，必需氨基酸种类齐全、含量丰富，所含小分子肽更是有利于人体吸收的特点；小分子肽等成分，经微胶囊包埋技术，耐高温性强，应用广；稳定性高、溶解性好；通过谷氨酸、核苷酸、鲜味肽和风味肽的增效作用极大地提升产品鲜度；通过与琥珀酸、甜菜碱、糖原等的协同作用极大地提升产品的圆润度和醇厚度。

5.4 鲜味剂的应用及前景

近年来，食品工业生产规模日益扩大，人民生活水平显著提高，促进了国际添加剂市场的发展，特别是除味精以外的营养性天然鲜味剂的发展。国外的营养性天然鲜味剂主要包括酵母抽提物、蛋白质水解浓缩物和动植物提取浸膏等。

新型鲜味剂因具有诸多优点可以广泛应用于各类食品中，如酵母抽提物在速冻食品中有保鲜、保香、抗氧化的作用，还能掩盖牛、羊肉的膻味，去除不为人们接受的味道，为人们在追求新鲜口感食品的领域开辟新途径。酵母抽提物在生活中有许多应用，如方便面、鸡精、食用香精、肉制品、酱卤制品、餐饮火锅、烘焙食品、膨化食品、酱油及养殖业等，可提升产品风味及口感，提高产品档次。蛋白质水解浓缩物具有丰富的肽类，这些小分子肽等成分不仅增加食品口感，更能提高食品本身营养价值，可以广泛应用于如方便面、膨化食品、调味品、肉制品、速冻食品、麻辣食品、炒货等各类食品中。在各式快餐食品方便面汤料中，加入复合鲜味剂会突出肉类香味和增强鲜味。总之鲜味剂已被广泛用于特鲜酱油、粉末调料、肉制品加工、鱼类加工、餐饮业加工等行业，其中微生物鲜味剂已成为发展最快的产业。

随着我国人们生活水平的提高，对调味料的风味、营养、天然性等都有新的要求。过去传统的加工工艺已经不能满足产品品质对于市场的需求，另一方面也达不到资源利用的优化。我国的复合鲜味剂行业生产技术水平并不十分发达，产品质量有待提高，生产商缺乏市场竞争意识，国内品牌在发展中应重视产品质量与品牌综合度的提高，形成强势品牌，占据中国市场，以至国际市场。提高我国食品添加剂整个行业在国内、国外的竞争力，一方面应对生产的每一个环节进行监控，以保证产品质量，加速新一代食品添加剂市场产业化、规模化；另一方面，应加强在新一代复合鲜味剂、甜味剂生产中运用生物技术、现代食品加工技术和工程化食品技术等先进技术，以适应新一代复合鲜味剂行业的可持续发展需要。

5.4.1 利用我国的资源优势

应该利用我国的资源优势，着力开发高档次的酵母提取物，不同风味的水解动植物浸膏等新的营养性鲜味剂和复配各种风味的调料。目前，酵母抽提物已成为世界众多的国家如美国、日本、荷兰、丹麦等研制与开发的重点。利用氨基酸、味精、核苷酸、天然的水解物或萃取物、有机酸、甜味剂、香辛料、油脂等调配而成复合鲜味剂，具有很大的市场和发展前景。

5.4.2 利用生物技术

随着现代生物技术的飞速发展，新型食品增味剂的开发和生产正成为生物技术的重要应用领域，利用生物技术，包括植物组织培养法、微生物发酵法、微生物酶转化法等，生产风味物质是人们获得天然风味物质的有效途径，将正确引领新世纪的研究热点。随着生物技术相关学科的飞速发展，生物技术生产天然风味物质将由实验室研究逐步走向大规模的工业化生产，满足人们的回归自然的需求。

5.5 复合调味的应用与实践

味觉可以分为甜、咸、酸、苦和鲜五个基本类别，舌头通过不同的途径分辨这五种味感。但在不久以前，味觉还被认为只有四个方面，神秘的鲜味——是直到最近才被列入基本味觉组成的。

但是，即使添加了鲜味，如果考虑到所有可能的味觉组合，这种分类还是有点太宽泛了，特别是甜味和咸味的组合，本节将讨论这个问题。如果想把问题简化点，调味人员可以把这个类别称为"甜咸味"。这也许会开启一扇有趣的调味应用的大门。这里的重点是需要关注这些组合，当今食品配方这个领域受到了来自全球各种不同的味觉派系影响。

当甜味和咸味组合或叠加时，它们会形成一种不同的风味，这是一种保守的说法。这正是因为不同味觉之间的界限是模糊的，在配方中它们变得让人很兴奋。焦糖会有咸味吗？里面有生姜吗？红葡萄柚会不会有股辣劲？考虑到可能的不同味觉，这五种基本味觉使人们会想起地球上一年变换的四季。在科学上我们有四个季节（冬季、春季、夏季和秋季），但是在现实中，每一个月都是单独的季节——是上一个月天气和下一个月的结合。因为有了 12 个季节——它们中的有些在几天甚至是几小时之内就会改变，生活在地球上可能有点不可预测，但是这肯定是令人兴奋的。这种情况同样也适用于具有不同味觉的食品配方。

对于那些不能真正在甜和咸之间做出选择的消费者，在市场上正有更多的能同时满足这两种口味的产品出现。例如，北美玛氏巧克力（Mars Chocolate North America）最近推出了它的 M&M's® Brand Snack Mix 巧克力，它可以用一袋来满足顾客对奶油状—酥脆—甜味—咸味的要求。这个产品有三种选择：M&M's Brand Milk Chocolate Candies Snack Mix（M&M's 牛奶巧克力糖果、迷你巧克力曲奇、花生和迷你椒盐卷饼），M&M's Brand Dark Chocolate Candies Snack Mix（M&M's 黑巧克力糖果、葡萄干、杏仁和迷你椒盐卷饼）和 M&M's Brand Peanut Chocolate Candies Snack Mix（M&M's 花生巧克力糖果、迷你酥饼曲奇、杏仁和迷你椒盐卷饼）。

汉堡王（Burger King）针对夏天推出了一款"培根圣代"；它由香草冰激凌、巧克力糖浆、焦糖、培根碎屑和一块培根做成。这个点心在另一个方面显示培根可以和例如巧克力、焦糖或者水果等材料一起用作食品配方，而赋予食品甜咸味感。此外，培根的烟熏咸味可以增强甜味和其他材料的风味，例如巧克力。

类似甜咸味混合小吃和培根圣代的产品，它们只是冰山一角，甜味、咸味混合调味的潜力一直在扩大，特别是餐厅和特种物品店里或者来自世界各地的食品博客们的主题。想象下以下这个独特的混合：法国第戎芥末糊、山葵和用含有橘子酱、橘皮屑、姜根的一种芥末酱处理过的大蒜，再加入山萝卜叶，这就创造出一种不同的味感的酱。可以用无花果、番石榴或者百香果制得一种果酱（通常被视为甜味剂），然后将它与辣椒配对使用，可以赋予汉堡、热狗、烘肉卷、奶酪一种甜热感，还可以用作牛排、鸡肉、鲑鱼、猪肉或者火鸡的腌泡汁或浆汁。并且这种特殊的果酱甚至可以用来为涂抹花生酱的三明治增香。酸奶产品可以包含甜味和咸味组合，比如咸味焦糖，而龙舌兰鸡尾酒可以与芒果和红番椒混合。

在本节中大家将会看到一些这样的风味物质，比如咸味焦糖或培根，在最近已经开始崭露头角。在味觉发展的进程中，其他配料与它们的互补成分拥有更久远的关系。蓝莓和它们在咸味配方中的甜味就是这方面的一个好例子。美国高丛蓝莓理事会指出，酸辣酱、烧烤酱、沙拉和调味剂为蓝莓产品的发展提供了令人瞩目的机会。在不同辣椒的辣度与蓝莓的对比使用中是尤其成功的——在鸭胸肉中添加安祖辣椒粉和蓝莓酱；一道蓝莓-墨西哥胡椒-柠檬的沙拉调料；或者牛排中添加的红辣椒-蓝莓佐料。当说到调味酱时，蓝莓可以与辣椒、大蒜、罗望子、芥末酱、薄荷等形成协同作用。具有异乎寻常咸味的饼干可以将传统配料如蓝莓与焦糖大蒜、百里香、咸开心果和红番椒配合使用。除了蓝莓，另一个早期的甜味、咸味配合使用的例子可能就是巧克力与香料联合使用来创造的新奇味感。所以，现代配方设计师仍然需要理解一些甜味和咸味的搭配。

有趣的是，在市场上，配料的发展也推动着甜味和咸味合用。在近几年大家已经发现，许多甜味替代剂，从甜叶菊到罗汉果，在多种食品中都发现了它们的用途，并且它们的甜味可能用来开发甜味和咸味的组合。同样地，多种咸味替代剂和技术手段也用来满足这类最终味觉组合的咸味要求。

甜味和咸味组合提供了新的灵感，使得配方设计师跳出了传统规则的束缚，在风味、质地和开发更健康食物的应用实践方面开辟了一条新的道路。现在甜咸味这么流行有很多原因，并且任何讨论都将会包括它们给现在的食品配方师带来的各种不同好处，从减少盐用量到刺激蔬菜消费再到满足消费者对于味蕾刺激的欲望。

5.5.1 甜咸味组合带来的意外口味

味好美公司的近期风味预测中列举了（不太出人意料）多种甜咸味组合剂，强化了这一倾向的流行。例如，使用甜咸味组合剂是一种主厨们庆祝厨艺传承，向传统配料和技术致敬的方式。这些组合剂通过应用新颖的视角以平衡现代口味和文化本真性来保留住这些根本。烧烤就发生了全球性的转变——韩国辣椒酱提供了一种甜味、咸味、酸味和苦味的组合。韩国辣椒酱由辣椒粉、糯米粉、豆豉和食盐制成，已经被用于炖肉、煲汤和腌泡汁，或者作为餐桌上的调味剂。在一份韩国烧烤食谱上，韩国烤肉，小薄片牛排包在豆薯（一种像萝卜的甜的根用蔬菜）中，然后添加清爽的亚洲梨沙拉（酱油、蜂蜜、米醋、香油、蜜饯生姜、肉桂和亚洲梨），为了有创意可以加上炸玉米饼。

甜咸味香料的使用可以使你在吃蔬菜时有更加兴奋的体验，让蔬菜以未曾想过的途径显示其魅力。例如在菜肴中茄子可以用来代替肉类，因为它实质性的结构和丰富的味道。当把蜂蜜和一种北非调味品——哈里萨辣酱组合使用时，可以增加一种特殊的风味强度。蜂蜜-哈里萨辣酱可以增加有活力的颜色和大胆的风味。或者是甜南瓜配上红咖喱和咸味培根（未用烟熏的五花肉用食盐和肉豆蔻、胡椒及茴香等香料腌制）。可能有的菜肴包括红咖喱醋油沙司凉拌南瓜条和培根韭菜烤南瓜子配咖喱冬南瓜。

在味好美的报告中提到"烹饪开拓者不受烹饪的条条框框约束"，他们发现，改造食物，甚至是从烹饪的食物中寻找乐趣，使大家可以自由地探索和享受任何想要的食物。甜咸味香料的使用可以提供一个"无边界的方法"，这使得任何情况都可能发生。往牛排酱里加入含有罗望子和黑胡椒的甜酱油使其具有了亚洲特色。甜酱油在它的原产地是一种调味品，是一种咸甜糖浆味的酱汁（也被称作马尼斯酱油）。加入黑胡椒和罗望子后，这些配料可以扩展现有的边界，并且给调味品文化带来新的灵感。一份传统的早饭组合——牛排和鸡蛋可以用一点由甜酱油和罗望子酱制得的牛排酱升级到不平常的级别。

在这种影响的冲突下，全美的蓝莓可以满足一种墨西哥烹饪的主食（玉米糊）和一种主要的印度多功能香料（小豆蔻），这超越了用餐时间和区域边界。玉米饼是轻炸过的玉米面圈，它可以在整个拉丁美洲的甜味和咸味菜系中都能找到。在蓝莓波特酒酱五香鸭玉米饼中，玉米饼加上鸭胸脯肉和蓝莓波特酒酱会有最好的味道。蓝莓-小豆蔻香料可以给玉米粥，一种墨西哥传统热粉糊，增加异国情调。或者可以尝试一下甜点粽（由正宗的粽味香料制成）配上一勺香草冰激凌和一点蓝莓-小豆蔻酱。

5.5.2　正在普及的咸味焦糖

贝尔香精香料有限公司最近公布了它的十大香料发展趋势，咸味焦糖在那份表的第一位，贝尔公司预测这种甜味、咸味组合将会给食品和饮料行业带来很大的冲击。在餐馆和零售店里很容易就可以看出它们正渐渐流行起来。以星巴克（Starbucks）为例，它们提供咸味焦糖摩卡咖啡和咸味焦糖酥。

在写到有关冰激凌的新方向时，咸焦糖被多次提及。例如，在2011年乳品工业最佳冷甜点创新产品的评定上，国际乳制品协会冰激凌技术会议授予咸焦糖椒盐脆饼巧克力冰激凌最佳原创风味称号。这种咸甜制品是由黑巧克力片和旋涡形椒盐卷饼相结合，加入以法式口味及奶黄为基础的冰激凌中制备而成的。一些文章中还提到 Ben 和 Jerry 最近介绍了一种软糖覆盖土豆片的旋涡状咸焦糖冰激凌，Kerry Ingredients 和 Flavors，Beloit，Wis. 则强调了一种新的原创冰激凌-咸焦糖太妃糖（Salty Caramel Toffee），此产品是以红糖为基础混合咸焦糖卷及太妃糖而制成。

美国北卡罗来纳州康科德市最近推出了一种新的饮料——Cafettone™，是一种由咸焦糖和浓咖啡制作的奶油混合物。这种产品耐储存，可即用即食，只需要向其中加入水或牛奶即可，产品中已提前加入糖、风味物质、乳化剂、稳定剂等以确保其风味的统一性及高品质的口感。

为何咸焦糖会如此风行呢？焦糖是糖果产品中使用最多及最广泛的原料之一。一般焦糖类糖果会有一种特殊的甜味，并且外观呈棕色。焦糖通常是由糖、玉米糖浆、乳固体及脂肪加热制备而成，这些成分的比例及其处理方式决定了焦糖成品的一致性、质感和风味。焦糖的大部分特性取决于所用糖的类型（白糖、红糖、蔗糖或玉米糖浆）和脂肪的种类（黄油、人造黄油或植物油）。焦糖味是美国市场上最流行的风味之一，自 2006 年以来美国有 31000 种新的食品及饮料上市，其中超过 1045 种（约 3.3%）加入了焦糖，此点可以很好地验证这个说法。这些使用咸焦糖的产品绝大多数是糖果类，其他还有热饮料、烘焙食品、谷类食品、冰激凌及风味小吃。

现在可以想象一下向这种备受欢迎的口味中加入咸味来赋予其新的风味特性。最近有人发表了关于通过向诸如黄油等调料中加入其他风味来赋予传统产品新风味的报道。由这种改良黄油在市场上的状况可以预料到咸焦糖或许也能如其一样取得成功，如今咸焦糖风味的流行也表明甜咸混合的风味是极受市场欢迎的。

此外，如果向焦糖中添加其他味道会如何呢？芝加哥的 Dishoom 食品有限公司推出了 Cobra Corn® 一种由孟买马沙拉（Mumbai Masala，一种孟买香料）和 10 种印度香料及调味料的混合物调味的爆米花。现在此公司又推出了一种新的爆米花小吃。这种小吃有焦糖味、豆蔻味、生姜味，可以说其涵盖了印度香辣奶茶（Indian chai tea）的流行风味。同时，他们对其进行进一步开发，可以将此类小吃加入或装饰于巧克力冰激凌、汤、沙拉、炒蛋或其他食品中，也可以作为油炸面包丁的替代品。

5.5.3　纸杯蛋糕的口味创新

在某次风味创新之展（Innovation Roadshow）上，宾夕法尼亚州费城市的 David Michael 公司强调了一些甜咸味结合的小吃，从可口的开胃蛋糕到香草卤汁。

David Michael 公司说纸杯蛋糕传统的定位就是甜食，但是并不是所有的纸杯蛋糕都只能作为甜食存在。

为了证明这一点，该公司出品了一些迷你微型开胃蛋糕，一种可口的心形纸杯蛋糕。从技术上讲，这些产品是由咸味香精制备的，但是却运用了传统上被认为是甜味的工艺。比如说，该公司将传统的咸味香精与糖霜结合：鸡味蛋糕加切达干酪糖霜，蟹味蛋糕加番茄草药糖霜，油炸洋葱牛排味蛋糕加培根糖霜。这些蛋糕冷盘也可以跟其他咸味香精或甜味物质搭配，像猪肉青豆加苹果酱、比萨加蛋糕配饰（配饰可以是一种水果，比如蓝莓酱之类的）、海鲜通心粉加奶酪、传统的 BLT（培根、生菜、番茄三明治）烘肉卷加肉汁等，或者肉饼加红薯糖霜。

DavidMichael 还关注了香草卤汁。香草味可以说是世界上最受欢迎的口味，但是却很少在主菜中出现。为了挑战这一理念，DavidMichael 正在尝试寻找能与香草最佳互补的肉类蛋白。该公司以腌料为实验原料，并结合某种风味进行了一系列研究，试图找到最佳组合。首先是将鸡胸脯肉与香草姜味柠檬腌料进行组合。

类似的，该公司也研究了猪肉里脊与香草风味的搭配来探索猪肉蛋白与香草风味的最佳组合，此次选择的是香草李子-草药腌料与猪肉结合。在此腌料中，Supreme®（David Michael 出品的一种香草提取物）是香草风味的来源，它在加强了猪肉特征风味的同时也使香草风味得以完美释放。更微妙的是威士忌香草的使用，它作为头香首先释放后会再与李子混合。

除了肉，香草也可以与其他咸味美味结合，如酱汁、蘸水、敷料等。

5.5.4　甜咸风味的塑造方向

来自肯塔基州厄兰格市的 Wild Flavors 有限公司营销副主任 Jessica R. Jones-Dille 说："甜咸结合风味的食品似乎出现在很多餐馆的菜单上，这种'风味融合'或者说'跨风味'的现象也流行于商店。我们可以在传统的咸味沙拉酱、调味料及腌肉中发现水果风味或成分，而同时香料、草药、辣椒甚至培根等肉类也如雨后春笋般出现于糖果中。"

Wild Flavors 开发甜咸产品倒不足为奇,这点可以由他们生产的一些产品来看,包括:黑莓烧烤牛肉、姜味梅子绿茶香醋、格鲁吉亚桃烧烤汁、苹果汁糖蜜醋、苹果梨蜜芥末、红酒胡椒巧克力松露、橙味南非博士茶、西番莲辣椒苏打水和黑巧克力味醋。水果沙拉及甜敷料本身的成分组成使得它们成为甜咸组合风味产品的完美例子。在蔬菜沙拉中加入醋会使其风味上更加可口。在最近一次的食品科技协会(IFT)食品会展上,该公司展示了一系列甜咸风味的迷你三明治,例如干西红柿柠檬腌鸡肉加帕尔马蒜蓉蛋黄酱加地中海面包圈、辣椒粉黑啤火鸡胸加苹果蜂蜜芥末加粗裸麦面包圈,以及乔治亚桃烧烤汁加苹果汁糖蜜洋葱加罂粟籽面包。植物风味长久流行,或许将其与咸甜风味食品结合是一种很有趣的尝试,也为甜咸风味开创了一个新的方法。Wild Flavors 已经开发出了一系列植物风味的产品,包括茉莉花、薰衣草、樱花、橙花、洋甘菊、含羞草、鸢尾、玫瑰、芙蓉、菊花。Jessica R. Jones-Dille 指出:"以前,植物风味为主的产品是属于比较小众的市场的,由于其越来越受欢迎,其种类、鲜度及风味的复杂度都在增加,植物风味食品已成为一种流行趋势。"若将植物风味与传统风味如香料、草药等结合可能还会给消费者带来额外的健康福利。植物风味、甜味、香料的三重结合很容易开发出新产品的配方,如药茶、功能饮料、能量饮料、果汁、水、碳酸饮料、糖果、甜点等,当然,它也同样适用于烹饪。

Wild 还有其他的一些猪肉、鸡肉、牛肉等腌肉制品与草药、水果、蔬菜的风味组合,总之,就是一些甜咸成分组合而成的风味体系。一些创造性的风味有辣味桃味猪肉、蜜梨百香果鸡肉、黑莓烧烤汁牛腩排、油桃莎莎酱、苹果迷迭香等。

影响甜咸组合风味的另一个重要作用是使盐的替代品及甜味剂的选择性增多。Wild Flavors 认为这种组合是改善甜叶菊苷口味的途径,可以大大减弱甜叶菊苷的不良口感。该公司还提供了不同配方的混有改良口味成分的 Sunwin 甜叶菊(含甜叶菊苷 95%、80%及 60%)。有些甜咸组合配方可以很轻易地解决甜叶菊苷的口味修饰问题。

5.5.5 甜咸结合得很酷的口感

来自明尼苏达州查斯卡市的 Quali Tech 公司总经理兼副总裁 Rudy Roesken 说:"甜咸结合是很酷的。"Quali Tech 公司是一个将微粒、包含物与美味结合来体现美食风味、功能、口感、视觉吸引力及健康特性的制造商。

Roesken 指出甜味和咸味的组合已经找到进入不同分段的方式，究其原因，这是多种食品、社会、人口的发展趋势的多元化融合的结果。美国人在饮食上变得更加有冒险精神。他们现在拥有的民族风味食品比以往任何时候都更多。此外，美食家们从名厨那里得到一些新的和意想不到的口味，如甜味和咸味的组合。Roesken 讨论了他们公司已经开始开发的几个甜咸组合的研究进展。

Roesken 说道："我们观察到焦糖海盐在咖啡店里出现，便努力将其转化应用到松饼中。"可以充分利用该风味物质到其他类型的产品，如面包、蛋糕、百吉饼、玉米片、面包屑、饼干、华夫饼、油炸圈饼、麦片和椒盐脆饼等中。他补充说："焦糖风味可以通过烟熏来提供三维的风味特性，使甜味和咸味加强。"

"在焙烤行业中，我们看到一个向药草和香料的大转向，"他继续说，"在过去10 年里，随着手工面包市场的快速增长，药草和香料将使面包的消费量超过面包屑、营养棒、甚至蛋糕。香料的出现应该对甜咸味进一步结合创造新的面包风味产生主要的影响。"

5.5.6　一种新的风味维度

位于纽约麦尔维尔的 Comax 风味公司企业通讯副总裁，Catherine Armstrong 陈述道："甜味和咸味是当今风味研究的趋势，消费者继续找出有趣的和现代的味道融合风味将使他们平常的菜单变得更吸引人。"

当甜味和咸味相互配合时，形成了一种与众不同的风味维度，带给食品一种新的令人兴奋的感觉。这里仅仅是公司提供的能够给配方带来新的维度的一些关于甜味和咸味组合的例子。

粉红葡萄柚姜，用姜冲击西柚的苦涩，被用于酒和饮料中。生姜李子，利用一点姜味香料来增强成熟李子的味道，创造了一个具有吸引力的组合的茶。同样也有柠檬姜味，因其具有强烈的五香甜味，适用于糖果和奶油填充物中。

有时三种味道组合在一起也是可以的，黄瓜柠檬酸橙为饮料提供了黄瓜的脆感、甜瓜的香甜和酸橙的尖酸混合感觉。

5.5.7　杏仁——甜咸组合的和谐介质

在最近的 IFT 食品展览会上，位于加利福尼亚州莫德斯托市的加州杏仁商会强调，杏仁蓝莓芝麻酱冰冻是由甜咸味的奶油、杏仁乳、杏仁黄油、烤杏仁粒、蓝莓和芝麻酱组合形成的一种很酷的甜点。

烹饪专家 Chef John Csukor 向加州杏仁协会指出："当把甜味和咸味组合在一起时，杏仁为永久的风味选择提供了一个和谐的介质。"东南亚、印度、拉丁美洲对这种组合做得非常好，这些创新性的组合已经刺激了现在的"街头食品"。智利的具有甜咸味的肉馅卷饼，它含有干燥的水果、坚果和咸的肉馅；带有甜香味的酸辣酱 Papadum® 咸味胡椒粉粒；夏季面包圈佐以甜辣椒蘸酱会充满坚果和海鲜味。

5.5.8　甜咸味调味品

Wixon 公司出品的多款新品甜咸味调料很容易使肉类、蘸料和酱料变得更美味。这种趋势的调味品可以促进新品的开发和以前经典调味品的复苏。

以下是几个关于肉味调味品、调味粉和腌泡汁产生明显差别甜咸味的例子。用于湿腌泡汁的五香亚洲调味品具有较强的大豆、大蒜和来源于鲭鱼鳞片的鲜味，同时还兼有甜菠萝、生姜和红糖的味道。沾糖烧烤风格调味品的特征是具有中国五香调料的头香。另一种用于湿腌料的沾糖烧烤风格调料，柠檬草香烤肉味大蒜腌泡汁，它是将甜菠萝、姜和红糖与浓厚的咸味和鲜味组合在一起。柠檬草和大蒜的头香就是由这种腌泡汁产生的。威士忌波旁盐是将黄油、鸡肉味香料与牛奶、蜂蜜和枫叶混合而成的。往这种调味盐中加入一点波旁威士忌，就可以用作当地的一种肉味调理品。

对于酱汁和蘸酱调味料，红辣椒干融合酸奶油酱是一种令人惊奇的香料混合物。它由干红番椒、烤大蒜、醋和包括红番椒及蜂蜜的鲜味剂组成。

至于小吃调味品，可以试试齐皮中国芥末酱（Zippy Chinese Mustard，芥末加蜂蜜，适合于椒盐脆饼干和其他脆性饼干）和哈瓦那烧烤酱（Habanero BBQ，一种甜辣的黏稠酱）。

5.5.9　甜咸味在休闲食品中的创新

Tate & Lyle 公司研制的降低脂肪、糖类、卡路里和钠而不导致口感下降的新配方配方体系可以促进甜咸味组合的发展。由 Splenda® 三氯蔗糖和 Krystar® 果糖晶体制成的甜辣酱和它的全糖对应物相比，含有一半的糖和 30% 的卡路里。如果加上 Sta-Lite® 葡聚糖可以使这种酱汁变成很好的膳食纤维。这种酱汁的模板是用这个公司的 Rebalance™ 配方服务系统制得的，这个系统可以帮助厂商减少脂肪、糖类、卡路里和钠的用量而不降低口感。

第二种酱汁模板是韩国烧烤酱，它可以使食物具有甜咸味。这个公司的 Create™ 配方服务系统，可以帮助厂商设计具有新口感和质感的产品，它与 Vico™ SSD Seasoning Granules 联用可以使腌泡汁、烹饪调料或者调味品具有浓厚的咸味风味。

5.5.10　甜咸味在烹饪中的创新

在最近的美国食品科技博览会上，甜咸味的组合有许多闪耀的瞬间。

加州黄金海岸贸易公司，让与会者品尝不同风味的油炸豌豆，包括蜂蜜芥末味、辣椒柠檬草味、枫叶烟熏培根味、芥末柚子醋风味。芥末柚子醋类似于一种辣味芥末，结合了酱油、柑橘、香料和芥末酱等特殊风味。

由印第安纳波利斯的森馨风味公司展示的风味源自不同的地区，如印度、印度尼西亚、马达加斯加、墨西哥和塔希提岛。包括一些甜蜜的开胃菜组合，如慢炖牛肉锅、腌肉、烤波布拉诺椒（微辣或中辣，人们常说这种辣椒具有水果和泥土的味道）、密脆苹果果酱和柠檬粉红胡椒巧克力松露等。

位于加州的 Folsom 公司则用糖、橘皮、盐和天然橙子风味物质结合涂层核桃瓣，研制出一种甘甜可口点心——橙色釉面核桃，赋予核桃独特口味、质地和重要的营养物质。

风味组合的惊喜是在香料和调味料的相互作用中形成的。位于内布拉斯加州奥马哈市的康尼格拉食品公司则开发了一种椰子柠檬香水稻碎块混合东南亚流行甜点口味美食的辣椒巧克力覆盆子果酱。

位于新泽西州泰特波罗市的德之馨则展示了一份令人兴奋的特色食品和饮料原型菜单，表现了最好的亚洲和拉美美食。其中一些食材具有自然的甜咸味特征，包括亚洲薄荷香草鸡加梅醋汁、柠檬草水煮虎虾加鸡尾酒酱、香草和血橙分层奶酪布丁加龙蒿芒果酸辣酱、柠檬罗勒果冻加椰奶、鳄梨酱加烤墨西哥花椒和玛雅巧克力蛋糕（这是一种加入了可可，有一股淡淡的辣椒和肉桂香料的甜美巧克力蛋糕）。

第六章

浓厚味剂的发展与应用

食品中的滋味具有多样性，最基本的味觉有酸味、甜味、咸味、苦味、鲜味，这些味觉均是由特定的受体和传导路径被感知的。近年来，除了这 5 种基本滋味外，能够引起品尝浓厚感、持续性的浓厚感类呈味组分的相关研究越来越引起分子感官科学家们的关注。20 世纪 90 年代 Ueda 等人研究表明大蒜中的含硫化合物，如 S-烯丙基-半胱氨酸亚砜（蒜氨酸），S-甲基-半胱氨酸亚砜和谷胱甘肽加入含有鲜味组分的溶液中时能够增强味道的连续性、充实感、厚重感。日本学者将食品中这类能引起浓厚感和持久感的呈味组分称为浓厚感（kokumi）组分。与传统的鲜味组分相比，浓厚味物质则偏重于"浓厚味、增强味感"以及一种"满口感"。通常而言浓厚感类组分具有直冲感温和、先觉感强、中觉感天然圆润、后觉感丰满、回味悠长等特点。其呈味特征与鲜味组分呈味特征感受差异见图 6-1 所示。浓厚感更强调带给食物的复杂口感和持久性。对浓厚感类组分的分子感官生物学研究表

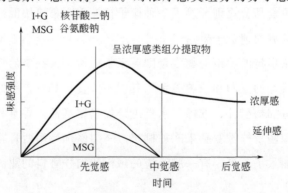

图 6-1　浓厚感组分呈味强度示意图

明：浓厚感类物质在人体内是通过钙敏感受体（calcium-sensing receptor，CaSR）被感知的，因而该类浓厚感物质具有基本味感，但还有一些研究表明该类组分除了基本味感外，还有一些类似于黏度等的物理学特性。浓厚感物质在日本的研究与应用较为广泛而深入，近年来我国浓厚感物质风味的研究也逐渐增多。

6.1　浓厚味剂的概念

浓厚感呈味特性的物质大致可以分为非肽类和肽类两种。浓厚感物质最早是在大蒜的水提物中发现的一些非肽类组分，经过鉴定发现大蒜中赋予浓厚感风味特性的主要是一些含硫化合物如大蒜碱、S-甲基-L-半胱氨酸亚砜和 γ-L-谷氨酰-S-烯丙基-L-半胱氨酸。随后在洋葱中也发现了含硫的浓厚感物质，像 γ-L-谷氨酰-S-丙烯基-L-半胱氨酸亚砜和反-S-丙烯基-L-半胱氨酸亚砜。目前已有的非肽类组分的浓厚感物质研究结果见表 6-1。

表 6-1　非肽类浓厚感物质研究结果

原料	预处理	分离纯化的方法	鉴定方法	kokumi 感物质
大蒜	热水浸提、均质、离心	反渗透、离子交换色谱	核磁共振、质谱	大蒜碱、S-甲基-L-半胱氨酸亚砜、γ-L-谷氨酰-S-烯丙基-L-半胱氨酸
洋葱	酒精提取、沸水提取	离子交换色谱	质谱、核磁共振	γ-L-谷氨酰-S-丙烯基-L-半胱氨酸亚砜和反-S-丙烯基-L-半胱氨酸亚砜
洋葱	高温提取（160℃）	离心	气相色谱-质谱联用	植物甾醇类
青鱼片	去脂后用去离子水提取	透析、凝胶过滤色谱、高效液相色谱	质谱、核磁共振	肌氨酸、肌酸酐
鳄梨	热水处理，戊烷提取	反相高效液相色谱	二级质谱、核磁共振	10 种炔烃和烯烃类物质

虽然浓厚感类组分最早是以非肽类组分为主，但随着研究的进一步开展，目前发现的具有浓厚感呈味特性的物质主要以肽类为主。近年来肽类浓厚感物质研究相关结果见表 6-2。肽在食品中的呈味作用因其肽链的长度、氨基酸的组成、种类以及排列方式不同而不同。目前已有研究结果表明食品中引起浓厚味滋味的肽类组分大部分为含有 Glu 的二肽，如 γ-谷胱甘肽、γ-谷氨酰肽类以及一些低分子肽类等。此外，含有 Cys 的肽段因氨基酸侧链基团上含有的—SH 在舌尖上产生一种轻微的

收敛感，能够显著增强味觉浓厚感，故 Cys 残基也对肽类浓厚感物质的品尝阈值具有重要的作用。

表 6-2　肽类浓厚感物质研究相关结果

原料	预处理	分离纯化的方法	鉴定方法	肽序列
牛肉	热水浸提	凝胶过滤色谱、离子交换色谱和电泳	埃德曼降解、羧肽酶解技术	Lys-Gly-Asp-Glu-Glu-Ser-Leu-Ala
菜豆	水煮	凝胶过滤色谱、亲水液相色谱	液相色谱串联质谱、核磁共振	γ-Lys-Glu-Lys-Leu、γ-Lys-Glu-Lys-Val、γ-Lys-Glu-Lys-Cys-β-Ala
高达奶酪	水提	凝胶过滤色谱	液相色谱串联质谱	γ-Lys-Glu
酵母抽提物	温水提取、离心	超滤、凝胶过滤色谱、反相高效液相色谱	飞行时间串联质谱	γ-Glu-(Leu/Val/Tyr)、Ala-Leu、GSH、Leu-Lys(Gln/Ala/Glu/Thr)
虾酱	水提/加酸溶解	衍生化	高效液相色谱串联质谱	γ-Glu-Val-Gly
乳蛋白	酶解	凝胶过滤色谱、反相高效液相色谱	基质辅助激光解吸飞行时间质谱	Glu-Glu-Leu-Asn-Val-Pro-Gly
扇贝	水提	衍生化	高效液相色谱串联质谱	γ-Glu-Val-Gly
咸水鸭	水提	超滤、凝胶过滤色谱	液相色谱串联质谱	Gly-Pro-Asp-Pro-Leu-Arg、Tyr-Met、Asp-Pro-Leu-Arg-Tyr-Met、Val-Val-Thr-Asn-Pro-Ser-Arg-Pro-Trp
暗纹东方鲀	水提	超滤、凝胶过滤色谱、反相高效液相色谱	基质辅助激光解吸飞行时间质谱	Pro-A-Ala-B-Met-Cys-Arg
酱油	过滤离心、稀释	衍生化	高效液相色谱串联质谱	γ-Glu-Val-Gly
含酒精的饮料	过滤离心得上清液	衍生化	高效液相色谱串联质谱	γ-Glu-Val-Gly
牛肉	酶解	超滤、凝胶过滤色谱、反相高效液相色谱	飞行时间串联质谱	Leu-Cys、Glu-Cys-Gly、Cys-Gly-Val、Val-Met、Phe-Glu、Phe-Gln
牛骨髓提取物	水提	超滤-凝胶过滤法	反相高效液相色谱、液相色谱/四极色谱飞行时间质谱	Ala-His、Ala-Val-His、Gly-Pro、His-Gly、Pro-Ala-His、Phe-Glu-Ala、Ala-Ala-Cys-Arg、Leu-Met、Cys-Pro-Arg、Ser-Gly-Val-Glu、Pro-Cys、Ala-Gln、Leu-Met、Cys-Glu、Cys-Met-Thr、Phe-Glu-Ala
大豆	水提	超滤、凝胶过滤色谱、反相高效液相色谱	超高效液相色谱、四极色谱、飞行时间串联质谱	低聚糖、γ-Glu-Tyr、γ-Glu-Phe
鱼酱油、酱油、虾酱	水提	6-氨基喹啉-N-羟基琥珀酰亚胺基甲酸酯(AQC)衍生化后的色谱分析	高效液相色谱-串联质谱法	γ-Glu-Val-Gly

原料	预处理	分离纯化的方法	鉴定方法	肽序列
啤酒	过滤离心得上清液	6-氨基喹啉-N-羟基琥珀酰亚胺氨基甲酸酯（AQC）衍生化后的色谱分析	高效液相色谱-串联质谱法	γ-Glu-Val-Gly
酵母抽提物	水提	超滤、凝胶过滤色谱、反相高效液相色谱	液相色谱和四极-飞行时间-串联质谱	Glu-Cys-Gly、Glu-Leu、Glu-Val、Glu-Tyr、Leu-Lys、Leu-Gln、Leu-Ala、Leu-Glu、Leu-Thr 和 Ala-Leu
帕尔马干酪	水提	均质、离心	液相色谱和四极-飞行时间-串联质谱	γ-Glu-Gly、γ-Glu-Ala、γ-Glu-Thr、γ-Glu-Asp、γ-Glu-Lys、γ-Glu-Glu、γ-Glu-Trp、γ-Glu-Gln 和 γ-Glu-His

6.2 浓厚味剂的制备技术

6.2.1 浓厚味剂的制备

6.2.1.1 水解蛋白质制备

浓厚感组分与食品中的鲜味组分一样，大多由食品中的蛋白质降解后生成的肽类组分为主，因而基于此原因，浓厚味组分可以通过水解蛋白质得到。由酸水解产生的蛋白质水解产物可以完全降解成氨基酸，从而产生非常强烈的鲜味，被认为是优良的鲜味调味品。然而原料中存在的甘油类组分在高温及盐酸存在下会进一步转化为对人体有害的氯丙醇，因而采用相对温和的蛋白酶水解制备浓厚感滋味增强组分安全性较高。由于已有研究表明浓厚感组分大多为 γ-谷氨酰肽，因此利用水解制备浓厚感组分与选用的蛋白质底物的氨基酸组成也有较大关系。

面筋蛋白由麦谷蛋白和麦醇溶蛋白组成，这些蛋白质中的谷氨酰胺残留量占其总氨基酸残留量的近 40%，而常见的蛋白质水解原料大豆中主要蛋白中的谷氨酰胺残留量小于 10%。由于面筋蛋白含有非常高比例的谷氨酰胺残基，水解不仅分解谷氨酰胺的肽键，还会分解谷氨酰胺的 γ-羧基的酰胺键，因此所得水解产物含有非常高量的谷氨酰胺。Koo 等人利用各种蛋白酶（碱性蛋白酶、风味酶、复合蛋白酶）对小麦面筋进行酶解，并对所得面筋蛋白水解物的增味特性和抗氧化活性进行了研究。研究结果表明除碱性蛋白酶外，面筋蛋白的疏水氨基酸含量与风味酶和复合蛋白酶的水解程度高度相关。经碱性蛋白酶处理的面筋蛋白的味道曲线显示其苦味稍低，而鲜味、浓厚感和酶解产物的整体可接受性增加。因此，水解面筋蛋白可以制备具有浓厚感与鲜味感，并具有潜在抗氧化活性的多功能调味料。

蛋白酶水解产物虽然能生成氨基酸与肽类组分，增强酶解产物的浓厚感与鲜味，但由于酶法水解会暴露出大量的疏水性氨基酸，因而其最终的产品往往会有明显苦味，如何对蛋白酶解产物进一步脱苦，改善酶解产物呈味特征，也是一个亟待解决的问题。Suzuki 等人用地衣芽孢杆菌分离的蛋白酶水解面筋蛋白，这种蛋白酶可以使谷氨酰胺大量地从面筋蛋白中释放出来，因而谷蛋白水解产物的 γ-谷氨酰胺化不需要加入谷氨酰胺。所得蛋白水解产物经一种商品 γ-谷氨酰转肽酶进行 γ-谷氨酰化后进行脱苦处理得到浓厚感组分，最终得到的 γ-谷氨酰胺化后的面筋蛋白水解产物其醇厚度、浓厚感和鲜味显著增加，盐味适度增加，是理想的浓厚味剂。

6.2.1.2 氨基酸酶法合成制备

相对于常见的蛋白酶解法，直接利用酶进行催化合成 γ-谷氨酰肽，可以大幅度降低 kokumi 肽类组分的生产成本，提高其商业化应用价值，此外，该方法还能够进一步避免其他 kokumi 类组分的制备方法对环境产生的影响。L-谷氨酰胺酶广泛分布于细菌、酵母等微生物中。这种酶主要催化谷氨酰胺水解为谷氨酸和氨类组分，同时该酶还可以催化 γ-谷氨酰转移反应。Yang Juan 等人利用解淀粉芽孢杆菌（GBA）和米曲霉（GAO）中谷氨酰胺酶转肽酶，在 Gln 和 Phe 存在下合成了一系列的 γ-谷氨酰肽，感官评价结果表明合成得到的所有的 γ-谷氨酸肽在水中均表现出收敛性，并能够赋予商业酱油和模型鸡汤浓厚感。

缬氨酰甘氨酸（Val-Gly）可用作 γ-谷氨酰-缬氨酰甘氨酸（γ-Glu-Val-Gly）的合成底物，对该肽具有强烈的浓厚感味道，因而如何用酶法合成该肽具有重要商业价值。为了利用 L-氨基酸酯酶（lae）从缬氨酸甲酯和甘氨酸中高效地酶法合成 Val-Gly，Takahiro 等人筛选了具有合成 Val-Gly 活性的伊丽莎白金氏菌，该菌能够生产 lae，将该酶纯化后可用于 kokumi 类肽类组分的制备。

γ-谷氨酰转移反应主要由细菌的 γ-谷氨酰转肽酶（GGT）催化，一些微生物产的 L-谷氨酰胺酶能够将谷胱甘肽、谷氨酰胺或其他 γ-谷氨酰肽化的 γ-谷氨酰部分转移到其他氨基酸或肽段上。该酶合成 γ-谷氨酰肽的可能产物是 γ-Glu-氨基酸、γ-Glu-γ-Glu-氨基酸、γ-Glu-γ-Glu-γ-Glu-氨基酸等。

最后值得注意的是还可以用 γ-谷氨酰胺化反应进行肽段呈味特征的改善。例如：苦味氨基酸的 γ-谷氨酰胺化已被证明是改善苦味氨基酸味道的有效途径。Phe 被称为苦味氨基酸，而 γ-Glu-Phe 则表现出轻微的酸味、咸味、金属味和浓厚感，该肽类的收敛性的味觉阈值浓度为 $2500\mu mol/mL$，酸味的味觉阈值浓度为 $200\sim500mg/mL$，没有任何苦味。此外，Suzuki 等人以 GGT 为催化剂完成了苯丙氨酸的 γ-谷氨酰化，转化率达到 70%，而且验证了 Phe 的 γ-谷氨酰化可以减弱苦味感知，并且产物可能具有浓厚感的呈味特性。

6.2.1.3　分离纯化

目前已鉴定得到的浓厚感物质多以肽类为主，其大多天然存在于各种发酵产品中，例如发酵虾酱、奶酪、鱼露、酱油等。这些发酵产品中天然存在浓厚感组分，是在发酵过程中微生物产生的蛋白酶、肽酶、转谷氨酰胺酶等共同作用的结果。因而对这类发酵食品中存在的浓厚感肽类组分的制备，通常采用超滤、离子交换色谱、凝胶过滤色谱和反相高效液相色谱等分离纯化的方法，另外对这类浓厚感物质进行鉴定的常用方法有质谱法和核磁共振等。分离鉴定发酵食品中浓厚感物质的常规流程如图 6-2 所示。

首先是对待分离食品进行前处理，例如用超滤等前处理方法除去食品中的蛋白质、脂肪、色素等组分，这些组分对后期分离纯化产生影响。接下来利用凝胶过滤色谱对待测样品进行初分离。凝胶色谱是利用凝胶内部的网状结构将样品进行分离的方法。由于被分离物的分子量不同在凝胶色谱柱内的路径各异，最终以不同的时间段被洗脱下来而达到分离的目的。Liu 等通过使用 Superdex peptide 10/300 GL 凝胶柱将酵母抽提物进行分离，在此基础上最终鉴定得到 10 个具有浓厚感呈味的肽类组分。由于超滤、凝胶过滤色谱是根据分子量大小来对原料液中的物质进行初步筛选，每一个分离组分内都还含有较多的肽类组分，因此还需要通过液相色谱对所得组分进一步分离纯化。液相色谱分离纯化后，每一个分离峰内仍不是纯的肽类组分，因此仍需用液质联用方法对其进行进一步分离与鉴定。

目前肽类组分的结构鉴定常用的方法是利用液质联用中质谱的电场和磁场的作用将运动的离子按质荷比不同而进行分离，然后对物质进行鉴定。随着质谱技术的

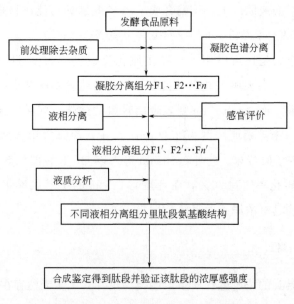

图 6-2　浓厚感物质的分离纯化流程图

发展，质谱分析也由简单的二级串联质谱（MS/MS）发展到四级杆飞行时间串联质谱（Q-TOF-MS/MS）和辅助激光解吸电离质谱（MALDI-MS/MS）等。王蓓等人利用 MALDI-TOF-MS 技术鉴定乳蛋白酶水解物中的浓厚感肽类组分，结果表明引起乳制品浓厚感和持续性的物质大部分来自 β-酪蛋白水解的含有 Glu 和 Cys 的肽类组分。

6.2.1.4　美拉德反应

美拉德反应在加工食品香气和呈味组分的产生中起着重要作用。美拉德反应的化学基础是还原糖的羰基和游离氨基酸、肽和蛋白质的氨基之间的复杂反应。到目前为止，不同氨基酸与羰基化合物的各种反应模型得到了广泛的研究，不同反应物（如氨基酸或肽）存在不同的反应机理。在美拉德反应模型中使用纯肽的研究结果表明，这些肽可以通过许多途径参与美拉德反应，如键断裂、环化和糖基化等。此外，肽和糖的美拉德反应产物食物中会表现出强烈的鲜味与浓厚感滋味。例如基于美拉德反应的酵母抽提物可以在给空白鸡汤带来厚重、复杂和持久的味觉，产生 kokumi 的味道。Liu 等人从酵母抽提物中共鉴定出 10 个 kokumi 肽，其中 Leu-Glu 在鸡汤中具有最低的 kokumi 阈值浓度（0.3mmol/L）。Xu 等人采用超滤-凝胶过滤法对牛骨髓蛋白酶解产物以及其对应的美拉德反应产物中的鲜味和浓厚感肽类组分，分别进行纯化鉴定，结果表明美拉德反应会增加鲜味与浓厚感呈味肽类组分的种类与含量。同时已有美拉德反应制备浓厚感组分相关研究表明在低温加热下，小于 500Da 的肽形成的分子量大于 1000Da 的交联化合物可能参与了重要的浓厚感组分的形成，而分子量大于 3000Da 的美拉德产物很可能是产物苦味的主要来源。

6.2.1.5　微生物发酵法

除了以上几种常见的方法以外，针对某种已经确定的浓厚感肽类组分，还可以通过调控某类特定微生物的代谢路径使得具有浓厚感的代谢产物富集从而制备的方法。由于谷胱甘肽是常见的微生物发酵过程中的代谢产物，因此目前最常见的是对该化合物的产量进行调控的方法。在乳酸菌的Ⅰ型发酵中还原型谷胱甘肽的含量可以通过菌体存在谷胱甘肽还原酶活性得以积累提高。而还原型谷胱甘肽作为面筋蛋白聚合的终止剂，也具有浓厚感呈味特性，因此可以改善面包的滋味。Tang 等人采用筛选得到的具有谷胱甘肽还原酶的Ⅰ型酵母发酵，定量测定了谷胱甘肽在酵母、面包面团和面包中的积累量，并通过与不含谷胱甘肽的基因菌株发酵面团进行比较，结果表明还原谷胱甘肽在面包中的积累能够显著改善面包的感官品质，并且对面包的其他口味或品质属性没有不良影响。

6.2.2　浓厚味组分的鉴定评价方法

浓厚类组分单独溶于水中是没有味道的，或者味道很淡，自身滋味较少，其主要是与其他滋味组分协同作用后，引起品尝时的满口感、复杂感与持久感，从而显著增强食物的风味，目前关于浓厚味物质的检测方法主要以感官评价方法为主，此外基于细胞外钙离子浓度改变的钙敏感受体法也可以用来检测浓厚味组分。

6.2.2.1　感官评价方法

感官评价是集心理学、生理学和统计学的知识发展起来的一门学科。食品的感官评价方法是指借助人的感觉器官（视觉、嗅觉、触觉、听觉和味觉），通过语言、文字或数据来鉴定食品的外观、滋味和特性等，最后通过统计学对所得数据进行分析的一种分析方法。

自从 Ueda 首次将感官评定法应用于 kokumi 风味物质的鉴定以来，浓厚感组分的感官评定与酸、甜、咸、苦、鲜这五种基本味觉的感官评定一样，也逐渐形成了对应的感官标准品。浓厚感通常使用空白鸡汤添加一定浓度的谷胱甘肽作为浓厚感组分的标准品来训练评价员，评价员通过对这些标准品训练熟悉浓厚感呈味特征中的满口感、复杂感和持久感，使他们能辨别这些基本味并能用语言准确描述出各种滋味特性。然后将实验中得到的各组分加入空白鸡汤中，配制成不同浓度的待评定溶液，通过与未加实验品的空白鸡汤进行比较，确定待测样品的浓厚感强度。此外需要注意的是，一般浓厚感滋味感官评价时都需要使用鼻夹，防止空白鸡汤样品中的挥发性风味组分在口腔内挥发进入鼻后嗅闻区域引起实验误差。

6.2.2.2　钙敏感受体法

细胞外的钙敏感受体（CaSR）是典型的具 7 个跨膜片段的 G 蛋白偶联受体，属于该类受体 C 家族第二组的成员，由 1078 个氨基酸残基组成。CaSR 对维持人体内的钙稳态起到非常重要的作用，它可以感知血液中的钙离子浓度的变化。血液中钙的水平通过 CaSR 被感知，CaSR 又反过来可以抑制甲状旁腺的分泌，刺激分泌降钙素，并诱导尿液中钙的排泄以减少血液中的钙，维持血钙的正常水平。CaSR 不仅存在于甲状旁腺和肾脏中，而且还在其他一些组织中表达，如肝、心脏、肺、胃肠道、胰腺和中枢神经系统，这表明 CaSR 参与了人体的一些生物学功能。

目前已有研究表明具有浓厚感、复杂感和持久感的浓厚味特性物质，例如谷胱甘肽和一些 γ-谷氨酰肽，均可以激活人的 CaSR 受体并可能修饰酸甜苦咸鲜五种基本味。Ohsu 等人发现具有浓厚感滋味的 γ-谷氨酰二肽和三肽物质是钙敏感受体的激活剂，因此可以通过判断某些肽类组分是否能激活钙敏感受体来判断其是否为浓厚感类组分。Amino 等人对大量 γ-谷氨酰肽的结构-CaSR-活性关系的研究结果进一步揭示了能够激活 CaSR 的 γ-谷氨酰肽的结构包括：存在 N 端 γ-L-谷氨酰残基；存在中等大小的脂肪族中性取代基等，并通过对用 CaSR 活性测定筛选出的 γ-谷氨酰肽进行感官分析，发现能够激活 CaSR 的 γ-谷氨酰甘氨酸是一种有效的浓厚感肽。

6.2.2.3　其他测定方法

在目前已鉴定得到的 kokumi 肽中，γ-Glu-Val-Gly 被报道为一种有效的浓厚感肽类组分，目前在很多发酵食品中都发现了这种肽，但由于食品中 γ-Glu-Val-Gly 的含量非常低，因而日本研究团队开发了一种以 6-氨基喹啉-N-羟基琥珀酰亚胺氨基甲酸酯（AQC）为衍生剂，采用 LC/MS/MS 测定和定量该肽的新方法，该方法准确灵敏，已用在酱油、鱼肉制品、酿造酒类等不同食品中该肽类组分的精确定量，均取得了较好的效果。

6.3　浓厚味剂的应用

目前对于浓厚感组分的已有感官研究结果表明，当它们被添加到基本味觉溶液或食物中时，它可以改变五种基本味觉，产生协同增效作用，特别是甜味、咸味和鲜味；即使这些在测试浓度下，浓厚感物质本身没有味道。因此浓厚感组分可以作为一种有效的调味剂原料，用于改善食品的感官品质，使得产品滋味更加柔和、丰满。

目前已有浓厚感肽类组分的应用研究中 γ-Glu-Val-Gly 相对较多，这一浓厚味肽类组分的感官阈值是浓厚感评定过程中滋味标准品谷胱甘肽的 12.8 倍。目前 γ-Glu-Val-Gly 在各种食品中的定量分析表明，γ-Glu-Val-Gly 主要分布在鱼露、酱油、虾酱、啤酒等各种发酵食品中。并且，这种肽的含量与酱油的质量等级呈正相关。Kuroda 等将 γ-Glu-Val-Gly 加入鸡汤或者低脂奶油中后可显著增强它们的浓厚感、持久性和满口性，因而 γ-Glu-Val-Gly 可作为浓厚味剂添加到食品中改善食品的感官品质。此外，美拉德反应产物与酵母抽提物等组分原本就具有鲜味与浓厚感组分的共同特性，因而这两种反应产物也常作为浓厚感组分用于复合调味料的研发。

第七章

低盐食品的调香与调味

7.1 低盐食品的概念及相关标准

六千年前，中国人的祖先发现盐有助于长久保存食物。今天，已经有更好的保存食物的方式了，但腌制食物依然很受国人欢迎。其实，对盐的依赖正在损害人的身体健康。

研究发现过量摄入盐会引发许多疾病。研究人员已经发现，过量食盐会使血压升高，而高血压是心脑血管疾病的主要诱因之一。我们的身体每天只需要 1 克食盐，然而对绝大多数国家而言，人均食盐消耗量比每天 1 克的理想数值高出五到十倍。

中国人每天平均食盐摄入量为 12～14g。2002 年，世界卫生组织设定成人人均每天最大食盐摄入量为 5g。中华医学会的统计数据显示，2009 年中国有 300 万人死于中风，这一数字超过 1985 年的两倍。伦敦沃尔夫逊预防医学会心血管病教授格拉汉姆·麦克格雷格说："如果中国人每人每天盐摄入量能降低到五到六克，那么每年可以挽救 36 万将要死于中风和心脏病的人。"

麦克格雷格希望政府能够立刻组织一场全国范围内的减盐运动。他建议对农村和城市居民应当采取不同的减盐策略。中国农民吃盐主要来自烹饪过程中加入的食盐。城市居民吃的由食品加工企业生产的食品比农民多得多，这些食品中的盐在城市居民食盐摄入量中占据相当大的比例。

但绝大多数消费者并没有意识到食品工业产品中的含盐量大多已经超过了他们

的实际需求量。事实上，培根和熏鱼里的含盐量是海水含盐量的两倍。酱油是中国烹饪过程中常用的调料，100g 酱油含盐 20g。

许多欧洲国家开展减盐运动已经有半个世纪了。巴基斯坦、孟加拉国、尼泊尔、肯尼亚、加纳和许多拉丁美洲国家全都在积极地考虑为国民减盐。英国的减盐运动表明，在减盐运动中每投入 1 英镑，就可以节省 300 英镑因盐引发的慢性病治疗费用。

麦克格雷格认为，政府、媒体和食品工业都应该积极参与减盐运动。政府应该负责协调和组织媒体的宣传活动，公众应该深知过度摄入食盐背后的风险。政府也有责任制定严格法律，强迫食品工业降低其产品中的含盐量。联合利华已经宣布计划将全球范围的 22000 个产品降低盐含量，以达到国际卫生组织推荐的每日 5g 盐的摄入量。汉堡王宣称在将其儿童餐的钠含量降低 60%。

根据《食品安全国家标准：预包装食品营养标签通则》GB 28050—2011 附表 C 中关于能量和营养成分含量声称的要求和条件的规定，食品中钠含量低于 5mg/100g（固体）或 100mL（液体）时，可标示为无钠或不含钠，当钠含量低于 40mg/100g（固体）或 100mL（液体）时，可标示为极低钠，当钠含量低于 120mg/100g（固体）或 100mL（液体）时，可标示为低钠。无钠或不含钠实际包含在低钠之内。也可用"盐"字代替"钠"字，如"低盐""减少盐"等。

7.2　低盐食品的调香与调味技术

7.2.1　食盐与味道

我们为什么就这么偏爱食物中的咸味？科学家研究人类口腔内的味蕾，确认了 5 种味觉感知，即甜、咸、酸、苦和近年新发现的鲜味，由钠离子造成的咸味稳占一席。有趣的是，即使还未养成饮食习惯的婴儿，也已经能尝出食物里的咸和甜了。

舌头对钠质的感受很敏感，咸味给我们口舌带来的满足感是强烈的，但转用调味料未必就是低盐饮食。这完全是个人口味问题，即使减少用盐，可是人们或许比平常多放两匙调味料，来达到相同的味觉刺激。

日常生活中的食物标签无须标明钠质含量，但是我们还是可以从成分表内看出蛛丝马迹。以鸡精块为例，一般列出脱水鸡汤、盐、鸡肉、味精等成分，而盐总是名列前茅，说明它的含量半点不少。那么其他调味料又如何？市面上大部分调味料味道其实都源于高盐分，毕竟人们大多喜欢咸味。当然，也有低钠盐和低钠酱油这些选择，它带来咸味的原理迥异，主要含俗称代盐的氯化钾，部分产品的钠质含量甚至可以低至零。虽然钾质有稳定血压作用，但是高血钾类的肾病和心脏病患者不宜食用，否则影响病情。通常这些产品售价也比一般的盐贵。

然而，健康饮食一定要用特别的低盐产品吗？营养师的答案是不，如何调节自己的口味才是关键。毕竟，与其大费周章花钱购买低盐食品，倒不如少放点盐省事。事实上，我们可以恢复对味道的敏感，不会因为太咸的食物吃得多，而尝不出清淡的味道，但这中间需要时间。有这样的例子：一位患者戒食糖一段日子之后，偶然尝到从前很喜欢的纸包柠檬茶，竟然发觉它甜得不能下咽。

美食当前，究竟好味在哪里？美食家可能会告诉你，他的刁钻舌头能在一块牛扒上尝出 7 种滋味 8 个层次；但科学家会告诉你，说穿了，我们大脑对食物的美味认知其实是味觉、嗅觉加上食物质感在嘴巴里的总和。也就是说，味觉不过是组成味道的一个因素。

倘若我们进一步说，在辨识食物这项工作上，嗅觉担当的角色比味觉还要重要，你可能会感到更惊讶。不同的味蕾负责尝出 5 种味道，食物尝在舌头上的味觉就是这 5 种味道的不同组合。可是嗅觉却精致多了。虽然我们的鼻子比起远古在野外求生存的祖先已经大大退化，但有研究还是指出，一个人起码能嗅出 1000 种香气。换句话说，能分辨不同的食物，鼻子是功臣。有这样的一个实验，让蒙上眼睛和鼻子的人分别吃梨子和苹果，结果是光靠舌头分辨不出来，因为两种水果在舌尖上都甜，但那股清香嗅在鼻子里却是独特的。

因此，向医生投诉饮食无味的患者，问题不一定出于舌头，更可能是鼻子。我们亦往往有这种经验：伤风鼻塞已经够惨，这时喝咖啡，味道还要差上一截。不同食物对我们构成的味觉和嗅觉组合都会有一点不同，其中一个关键是食物分子本身的挥发性。因此，咖啡好喝是鼻子说的，咸食好吃却是舌头说的，钠质的挥发性较低，尝出来的味道跟嗅觉关系没那么大。

说到底，这跟低盐饮食有何关系？原来我们也可以好好利用嗅觉来增加食物的美味，不必一味依赖高钠来刺激味蕾。用天然食材来提升味道，不会增加食物的钠质含量，甚至有抗氧化的好处。

除了嗅觉外，我们也可以好好运用自己的第五味觉：鲜味。鲜味被列为甜酸苦咸以外的第五种味觉是近些年的事。科学家发现，谷氨酸能刺激味蕾产生鲜味，鲜味有助于降低钠质的用量。

7.2.2　食品的降盐应用

方便面，又称快餐面、泡面、杯面、快熟面、速食面、即食面，是一种可在短时间之内用热水泡熟食用的面制食品。方便面是通过对切丝出来的面条进行蒸煮、油炸，让面条形状固定（一般为方形或圆形），食用前以开水冲泡，溶解调味料，并将面条加热冲泡开，在短时间内（一般在 3 分钟内）便可食用的即食方便食品。如今市场上各种品牌的方便面充斥着各大商场的货架，从大型零售超市到街头的小门头商铺都能够看到它的身影。

方便面的成长依托于中国面机包装行业的进步与中国咸味香精及天然香料的创新。中国咸味香精调味料完成了对"中国风味"的初步探索，确立了"味料同源"的绿色生存命题，用十余年的持续创新，研发出各种源自天然的风味物质。独凤轩及河南企业对骨禽类产品的开发及顶味、华海、味海对海鲜调味料的开发，快速追赶日本的水平，行业用独具中国风格的创新，将方便面调味料中特有的工业香气，回归于家常风味。咸味香精及调味料从方便面起步，并在对肉制品、调味料、烘焙、冷冻食品业的渗透中成熟，行业已达到 50 亿元的年产值。关于减盐的需求和创新也从中脱颖而出。

为了提升广大消费者对于减盐的认知，世界营养组织建议食品公司在食品标签上标识钠含量，使消费者可以通过查看标签掌握自己每天钠的摄入情况。

人们已经对降盐方案进行了非常全面而详细的探索研究。科学家们首先对250000 个天然提取物和人工合成的分子与有关的受体进行相互作用，筛选出了一部分能激活受体的分子和提取物，然后对样本进行提纯分离和毒理学评价，最后确定了一些有效的物质。随后，人们对这些筛选出的物质做了感官品评，目的在于寻找实际能对终端产品产生效果的盐增强剂、味精增强剂、苦味掩盖剂、甜味增强剂和三叉神经激活物质（凉感、辣感/刺激感、麻感）。

到目前为止，还没有一种"神奇"的解决方案在不增加成本的前提下替代盐，并同时不影响产品的风味和咸度。如果要替代 30% 以上的盐时，单靠单一的解决方案是达不到目的的，必须结合两种方案，考虑滋味之间的相互作用。

只有集合了香气和味道的复杂应用方案才有可能平衡好咸度和鲜度，整体风味不损失。

减盐的应用方案一般分两大类。第一种是使用盐的替代产品，较为普遍的替盐产品有氯化钾、乳酸钾、乳酸镁等，其中氯化钾是一个非常有效的盐替代产品，不过把氯化钠和氯化钾以 1：1 混合在溶液里，能明显感觉到咸味减弱和苦味增加。但是通过一些香气挥发物质和味觉相互作用的机理能很大程度地改善这个问题。第二种是使用香精技术，当盐含量降低时，香精技术可以有效地弥补风味缺失的方面。达到这一目标的关键因素是充分理解咸味感知过程。通过理解盐在不同产品中所起的作用，香精技术人员结合一些关键化合物，以达到相同的感官效果。对咸味有作用的挥发性香气分子和提升鲜味的一些物质的相互协同是终端应用结果好坏的关键。

当在开发新产品或是调整现有产品配方时，通常建议循序渐进地降低产品中的钠含量。逐步地、缓慢地减少盐的含量，消费者不容易注意到。因为如果变化量很小的话，味觉会去适应和修正感官体验。降 10％或是更少的盐含量通常一个步骤或是几个小步骤就可以悄悄地进行。但对于更大量的减盐量，这种方式不仅有风味损失的风险，还有可能影响产品的货架期、稳定性和安全性。不同的基料组成需要根据具体要求去重新设计和评价，而不能简单地引用或照搬。设计出一个较为理想的解决方案其实是一个十分耗时的工作。只有食品公司、香精公司和鲜味剂等公司的共同合作才能开发出适应于市场需求的完美减盐产品。

7.2.3　风味增强肽的概念及其在减盐食品中的应用

7.2.3.1　风味增强肽的概念

现代食品的趋势是健康、多样和方便，消费者对感官愉悦的天然创新产品期望不断增加。"民以食为天，食以味为先"，人们对美味的追求不仅仅是某种单一如酸、甜、苦或咸的味觉感受，而更多考虑的是使人愉快，有幸福感的味道。因此，风味增强肽应运而生。

风味增强肽是能补充或增强食品原有风味的肽类物质。根据风味不同，可将肽分为甜味肽、苦味肽、鲜味肽、酸味肽和咸味肽。风味增强肽不影响其他味觉（如酸、甜、苦、咸），且增强其各自的风味特征，从而改善食品的可口性。因此在各种蔬菜、调味品、肉、禽、乳类、水产类乃至酒类增味方面都有良好的应用效果。

风味增强肽的出现，不仅满足了人们对美味食品的追求，而且利用风味增强肽对鲜、咸、甜等味的增强效果，可以使食物在低盐、低糖等的条件下也能够保持美味，从而使人们吃得更健康。因此，开发风味增强肽的市场前景是十分广阔的。从我国特有的食品体系中筛选出新的风味增强肽，进而加快我国风味物质新素材的研发是一个值得进一步深入研究的课题。

食用菌是中国传统食品，其粗蛋白质含量为13％～46％，18种氨基酸的含量为10.71％～24.81％，其中8种人体必需氨基酸占氨基酸总量的30％～50％。脂肪含量为1.1％～8.3％，脂肪组成中75％以上的脂肪酸为不饱和脂肪酸。组成食用菌蛋白的氨基酸中含有高比例的谷氨酰胺和谷氨酸，一级结构中富含鲜味肽序列，是生产高品质呈味基料的优质原料。近年来，国内外研究者对食用菌的研究主要集中在营养成分、储藏保鲜及调味品开发等研究方面，对其风味增强肽的开发研究鲜见报道。

因此，一方面研究食用菌中的呈味肽及其呈味特性，对提高食用菌的附加值将具有重要的理论指导意义和实用价值。另一方面，风味增强肽的开发对食用菌外观要求不高，从子实体、菌柄、菇脚、碎屑到加工废液都可以作为加工的原料，因此开发基于食用菌的风味增强肽不仅可以缓解食用菌深加工的压力，又可适应人们对食品营养化、健康化、功能化的要求。

7.2.3.2　风味增强肽的国内外开发现状及趋势

（1）味感活性肽　肽类是纯天然食品配料，广泛存在于食品及蛋白水解物中，本身是一种重要的风味增强剂。小分子多肽可呈现甜、酸、苦、咸、鲜5种基本味觉，而某些多肽可呈现两种或以上的味觉。此外，多肽还可产生浓厚感（kokumi）和涩感等口感特性。具有味觉和口感特性的多肽，称为味感活性肽（taste-active peptide），简称味感肽。这些小分子多肽的分子质量通常小于5kDa。

味感肽在食品中分布广泛，在动物、植物和微生物的许多食物和食品中都含有味感肽，如牛肉、猪肉、鸡肉、奶酪、大豆、四季豆、食用菌、酱油、酵母和乳酸菌等。在食物或食品中，研究较多的是苦味肽和鲜味肽，而针对酸味肽、咸味肽和甜味肽的研究相对较少。近年来，浓厚感多肽的研究逐渐增多。目前，在奶酪、酱油、发酵火腿、黄酒、啤酒和日本清酒等发酵食品和其他食物或食品中都已分离鉴定出鲜味肽和浓厚感肽。

鲜味肽又名美味增强肽，它不影响其他味觉（酸、甜、苦、咸），能增强其各自的风味特征，在各种蔬菜、肉、禽、乳类、水产类乃至酒类增味方面都有良好的效果。Yamasaki 从木瓜蛋白酶处理的牛肉中分离了具有"鲜美味"的牛肉辛肽 Lys-Gly-Asp-Glu-Glu-Ser-Leu-Ala，首次表明肽可以让食品变得更美味。随后他们合成了结构相似的肽 DEESLA 和 EESLA，它们具有酸味、涩味以及略微的鲜美味。Ogasawara 研究发现鲜味肽中一般包含 Glu 或 Asp 等亲水性氨基酸。Labow 认为，鲜味物质分子必须具有带正电的分子团、负电分子团和疏水性分子团，只有将 3 种分子团分别接到对应的感受器位置，才能感受到鲜味。Ogasawara 等人研究了大豆水解液中分子质量为 1000～5000Da 的肽，这些肽具有鲜味或使鲜味更加悠长。Mee-Ra 等人研究了大豆提取液中的小分子肽，结果发现分子质量为 500～1000Da 的肽具有最强的鲜味。

对甜味肽的研究是从阿斯巴甜（L-天冬氨酰-L-苯丙氨酸甲酯，Aspartame）的发现开始的。对阿斯巴甜结构的研究表明，Asp 具有决定性作用，其不可被任何氨基酸残基取代，而 Phe 可被一些非疏水性氨基酸残基替代，如 L-H$^+$ Asp$^-$-Met-OMe 接近甜味，L-H$^+$ Asp$^-$-Tyr-OMe 比阿斯巴甜的甜味略低，而 L-H$^+$ Asp$^-$-Trp-OMe 无甜味，D-DH-Asp-Phe-OMe 有苦味。随后阿力甜（Alitame）和纽甜（Neotame）被开发作为食品甜味剂，它们的特点均为甜度高，甜味清爽，化学结构稳定，热量低以及与其他糖和风味物质存在良好的协同效应。目前科学家们正积极从一些天然瓜果、蔬菜中开发新型甜味蛋白，如索马甜（Thaumatin）、巴西甜（Brazzein）、潘塔亭（Pentadin）、莫内林（Monellin）、马槟榔甜蛋白（Mabinlin）、仙毛甜蛋白（Curculin）等，这些甜味蛋白甜度高且热量低，是具有良好潜力的新型功能性食品添加剂。

苦味肽常见于奶酪、酒曲及火腿等发酵、腌制食品中，由酶的反复水解作用产生。肽的苦味作用主要取决于肽侧链末端的疏水性氨基酸残基，如 Arg、Pro、Leu 和 Phe 等。同时氨基酸序列对肽的苦味起重要的作用，疏水氨基酸残基必须在肽链的 C-端，亲水性氨基酸残基在肽链的 N-端时则会产生苦味。Otagiri K 等人对一些疏水性氨基酸残基进行研究，发现当 Arg 与 Pro 相连（如 Arg-Pro，Gly-Arg-Pro 和 Arg-Pro-Gly）时苦味很强烈。当这个结构的氨基酸残基增加满足模式 $[(Arg)_l$-$(Pro)_m$-$(Phe)_n(l=1,2;m,n=1\sim3)]$，会产生苦味协同效应，其中 Arg-

Arg-Pro-Pro-Pro-Phe-Phe-Phe 产生最强烈的苦味，其阈值为 0.002mmol/L。

酸味肽往往与酸味和鲜味密切相关。Kirimura 等人提出谷氨酰肽，如 Glu-γ-Gly、Glu-γ-Ala 及 Glu-γ-Glu 呈酸涩味，后来又发现酸性肽 Gly-Asp、Ala-Glu、Glu-Leu 等都具有鲜味的特性，因此可将酸味肽看作鲜味肽的一部分。Okumura T 等人从猪肉中分离到 APPPPAEVHEVV、APPPPAEVHEVVE 及 APPPPAE-VHEVHEEVH 3 种酸味肽，它们可以提升鲜味和咸味。

早期研究发现咸味二肽 Orn-β-Ala 的咸味强度与 NaCl 相当。Seki 等研究了咸味二肽的理化性质，结果发现二肽的咸味与氨基的解离度以及是否有相对离子有关。一些碱性肽的盐，如 Orn-Tau·HCl、Lys-Tau·HCl、Orn-Gly·HCl 及 Lys-Gly·HCl 等具有咸味和鲜味的双重效果。咸味肽对高血压、心血管疾病等需要低钠饮食的特殊人群有着重要的利用价值。Zhu 等人研究无盐酱油时发现 Ala-Phe、Phe-Ile 及 Ile-Phe 3 种二肽不仅具有咸味，而且 Ala-Phe 及 Ile-Phe 能抑制血管紧张素转化酶的活性，具有抗高血压的作用。

（2）浓厚感肽　日本研究者将能够引起滋味浓厚感与持久感的物质统称为 kokumi 组分，此类化合物包括浓厚感肽。浓厚感化合物本身不呈现基本味觉，但是它们可以增强饱满、肥硕感和复杂性，增加可口的持续性。因此，浓厚感的含义包含了浓厚、饱满、肥硕、口感平衡、味感持续性和复杂性。它不是一种基本味觉，而属于口感。Kimizuka 等人发现脱臭的大蒜提取液可以明显增加原有滋味的爽滑感、深度和持久性，并可与滋味增强剂，如与谷氨酸钠结合提高其效果。Ueda 在洋葱提取液中发现了具有 kokumi 特性的活性成分，推测其原因为 Cys 的肽段因氨基酸侧链基团上含有的巯基（—SH），在舌头上产生一种轻微的收敛感，从而显著增加味觉的浓厚感。日本味之素株式会社发现谷胱甘肽具有强烈增加食品"浓厚感"的特性，能增强和维持香辣调味料及蔬菜风味。Dunkel 等人对豆类和 Gouda 奶酪的研究表明：γ-谷氨酰胺肽是使其具有 kokumi 感的关键，鉴定的肽都具有 Glu-Glu 或 Glu-Asp 片段。综上所述，能够引起食品中 kokumi 感的肽类一般具有 Glu、Asp 或 Cys，此类肽没有味道或者有轻微的味道，但在一定浓度下，这类肽与适当浓度的其他呈味组分（盐、味精、酸味剂等）有协同或者增味的功效。由于浓厚感肽能够改善食品口感，增加原有滋味的强度，所以被开发为新型调味料或健康食品。

（3）美拉德反应风味增强肽　利用美拉德热反应技术，肽经 Maillard 反应后形成的具有一定分子量范围的美拉德肽，具有显著的风味增强效果。Lieske Barbel 等人利用蛋白酶将鸡肉水解成 $2000\sim5000Da$ 的鸡肉肽，并与还原糖进行美拉德反应，发现生成的肉味强度是采用传统方法的 $80\sim100$ 倍。Liu Ping 等人发现大豆水解物的美拉德反应产物中，$1000\sim3000Da$ 的肽具有明显的风味增强效果，表现出浓郁的鲜味及醇厚味。Sun Hongmei 等人发现，美拉德反应可以显著减少鸡骨水解物的苦味，鲜味物质（如谷氨酸或肽）可以使鸡骨水解物具有更持久的回味。

综上所述，目前国内外对风味增强肽的开发研究主要集中在肉类蛋白、豆类蛋白的深度开发上，以食用菌为食源性素材开发风味增强肽的研究较少。而我国是食用菌生产大国，品种丰富，目前国内外对食用菌的开发主要集中在食用菌呈味氨基酸、呈味核苷酸、多糖及生物活性肽上。针对我国的具体国情，以食用菌为素材，结合利用现代提取、加工及分析技术，开发新型食品风味增强肽产品势在必行。

7.2.3.3 双孢菇低盐调味品的研制

双孢菇不仅美味可口而且营养丰富，富含各种蛋白质和氨基酸，是保健价值非常高的一种食用菌。双孢菇作为保健品，有抗氧化、降胆固醇等作用。双孢菇滋味鲜美，呈味物质丰富，可以赋予烹饪菜肴丰富的口感，被广泛应用于炒菜、炖汤、酱料以及其他调味品中。已有研究证明了双孢菇中的浓厚感呈味肽在一定浓度范围内可以起到"减盐不减咸"的作用。

双孢菇浓厚感呈味肽与咸味相互作用确定的增咸浓度区间为 $0\sim0.10g/L$，高压蒸煮法提取的双孢菇风味提取液中的浓厚感呈味肽浓度满足这一范围。为了充分利用双孢菇的风味和营养价值，可将双孢菇风味提取液添加到调味料中，从而开发一种双孢菇低盐调味酱。将双孢菇粉、水、双孢菇提取液与食用盐、白砂糖、味精、棕榈油、玉米淀粉、酵母抽提物、姜黄粉、呈味核苷酸二钠、麦芽糊精、食用香精按一定比例复配，通过感官评价实验和正交试验优化其配比，制备一种含有双孢菇风味的低盐调味酱。

（1）双孢菇低盐调味品的制备 具体制备工艺如下：

① 将新鲜双孢菇洗干净，进行冷冻干燥后于粉碎机中磨成粉，过 40 目网筛，得到双孢菇粉，备用。

② 取玉米淀粉和麦芽糊精，加水，在 70℃恒温水浴锅中糊化，再加入双孢菇提取液混匀，得到基础酱料。

③ 锅中放入没有特征风味的棕榈油烧热，加入第一步和第二步的双孢菇粉和基础酱料，再加食盐、味精、白砂糖翻炒均匀，熬成酱料。

④ 最后加入酵母抽提物、姜黄粉、呈味核苷酸二钠、食用香精进行调配，得到双孢菇低盐调味酱。

（2）双孢菇低盐调味品的感官评价　设计正交实验，制备不同原料配比的酱料，将制备好的双孢菇低盐调味酱呈送给感官评价小组打分，分析确定双孢菇低盐调味酱的最佳配方（表 7-1）。

表 7-1　双孢菇低盐调味酱的感官指标与评分标准

感官指标	评分标准	分数
风味	酱香浓郁,有双孢菇风味	30
口感	双孢菇味浓郁,咸淡适中	40
色泽	光泽度好,让人有食欲	20
状态	黏稠适中,状态均匀	10

（3）双孢菇低盐调味品的配方　研发双孢菇调味酱时，整体配方以研究双孢菇提取液、食盐以及双孢菇粉的添加比例为主，同时配方中还要添加其他配料，如白砂糖、味精、酵母抽提物、呈味核苷酸二钠、姜黄粉、棕榈油、麦芽糊精、玉米淀粉、食用香精等。在熬制双孢菇低盐调味酱时，会产生类似腥味的不良气味，加入少量姜黄粉可以抑制这种气味。另外，为了丰富双孢菇低盐调味酱的风味，要加入适量食用香精，使得这种双孢菇低盐调味酱的风味更加饱满。因为本章应用主要探讨的是浓厚感呈味肽与咸味之间的相互作用，就不再对别的配料深入研究。

（4）双孢菇低盐调味品感官评价的正交试验　双孢菇提取液的添加量、双孢菇粉的添加量、水的添加量和食盐添加量对双孢菇调味酱的整体及风味影响起主要作用，所以选这四个因素进行四因素四水平 L_{16}（4^4）的正交试验。制备正交试验的调味酱样品，经感官评价小组人员共同品尝打分，每次品尝均重复三次，取每个小组成员打分结果的平均值。从中选取较优的水平因素，确定最佳组合。正交试验结果和方差分析如表 7-2 和表 7-3 所示。

从表 7-2 和表 7-3 可以看出，双孢菇提取液添加量这一因素对双孢菇低盐调味品的风味、形态影响最显著，其次是双孢菇粉和食盐，最后是水的添加量。即影响因素主次水平为：提取液＞菇粉＞食盐＞水。双孢菇低盐调味品最佳配方的优水平组合为：水∶提取液∶食盐∶菇粉＝60∶30∶0.4∶1.5。

表 7-2 双孢菇低盐调味品感官评价正交试验结果 L_{16} （4^4）

序号	水/g	食盐/g	提取液/g	菇粉/g	总分
1	80	0.6	10	0.5	75
2	80	0.5	20	1.0	73
3	80	0.4	30	1.5	80
4	80	0.3	40	2.0	75
5	70	0.5	10	1.5	74
6	70	0.6	20	0.3	76
7	70	0.3	30	0.5	78
8	70	0.4	40	1.0	74
9	60	0.4	10	2.0	76
10	60	0.3	20	1.5	77
11	60	0.6	30	1.0	78
12	60	0.5	40	0.5	74
13	50	0.3	10	1.0	73
14	50	0.4	20	0.5	75
15	50	0.5	30	2.0	77
16	50	0.6	40	1.5	74
K_1	303	298	303	302	
K_2	302	301	298	298	
K_3	305	313	305	305	
K_4	299	297	303	304	
$K_1/4$	75.75	74.50	75.75	75.50	
$K_2/4$	75.50	75.25	74.50	74.50	
$K_3/4$	76.25	78.25	76.25	76.25	
$K_4/4$	74.75	74.25	75.75	76.00	
R	1.50	4.00	1.75	1.75	

表 7-3 正交试验方差分析

因素	偏差平方和	自由度	均方	F	$P_r > F$	显著性
水	4.69	3	1.56	6.82	0.075	
提取液	40.69	3	13.56	59.18	0.004	＊＊
食盐	6.69	3	2.23	9.73	0.047	＊
菇粉	7.19	3	2.39	10.46	0.043	＊
误差	0.69	3	0.23			
总变异	59.95	15				

注：＊代表 $P_r > F$ 小于 0.05 的显著性，＊＊代表 $P_r > F$ 小于 0.01 的显著性。

为了进一步验证厚味肽的添加可以改善调味酱的风味并提高其咸味强度，按最佳配方进行验证实验。同样按照表 7-2 的评价标准打分，得到感官评分平均值为 82 分。再在最佳配方工艺下做一组空白对照实验，即用等量水替代双孢菇风味提取液，感官评分平均值为 71 分。并且感官评价小组成员一致认为添加了双孢菇提取液的调味酱的咸味强度明显比空白组的咸味强度要高。而与最佳配方同等咸度的空白调味酱，其含盐量为 0.80g，即加了双孢菇风味提取液的调味酱含盐量仅需空白调味酱的 50％即可达到相同咸度。以上实验充分验证了，双孢菇风味提取液的添加可以改善调味酱的风味，并且能够显著提高其咸味强度。

通过感官评价实验和正交试验优化了双孢菇低盐调味酱的原料配比，得到双孢菇低盐调味酱的最佳配方为：水 60.00g，提取液 30.00g，食盐 0.40g，菇粉 1.50g，白砂糖 0.20g，味精 0.20g，酵母抽提物 0.10g，呈味核苷酸二钠 0.10g，姜黄粉 0.05g，棕榈油 6.00g，麦芽糊精 2.00g，玉米淀粉 3.00g，食用香精 0.02g。验证得到，在最佳配方下制备的双孢菇低盐调味酱的风味及咸味强度，要明显高于未添加双孢菇提取液所制备的调味酱，且含盐量降低了 50％。

7.2.3.4　杏鲍菇低盐调味品的研制

杏鲍菇营养丰富，富含蛋白质，保健价值极高。杏鲍菇菌柄等下脚料因商品价值低而被废弃。为了充分利用杏鲍菇，可采用酶解技术充分释放其风味物质，添加不同种类适量的调味料，制备高营养价值、味道鲜美的低盐调味酱。因此，本节介绍了采用杏鲍菇的下脚料按最佳酶解条件进行酶解，利用电子舌分析其与咸味的相互作用，确定其提高咸味强度的浓度区间，与牛肉香精、食盐、杏鲍菇干粉以及淀粉等按一定比例混合研制出一种既有杏鲍菇风味又有牛肉风味的低盐调味酱。

（1）基于电子舌的鲜咸两两相互作用

① 溶液的配制

酶解液的配制：参考 ISO 3972：1991 分别配制浓度为 0.08g/L、0.34g/L 和 1.00g/L 的酶解液，进行电子舌检测。将酶解液稀释成适宜人体口腔正常鲜味的低、中、高浓度，与低、中、高浓度的咸味两两相互作用，利用电子舌检测鲜味对咸味的影响。

配制一定浓度梯度的食盐溶液：分别称取 0.024g、0.069g、0.2g 食盐于烧杯中，加入适量蒸馏水，用 100mL 容量瓶定容，配成 0.24g/L、0.69g/L 和 2.00g/L 的溶液，待用。

酶解液的稀释：分别用 1mL、5mL 和 10mL 移液管吸取 1mL、4mL、10mL 酶解液于 100mL 容量瓶中，定容，配制成稀释 100、25 和 10 倍的溶液，鲜度适宜人体口腔正常鲜味低、中、高浓度，待用。

② 电子舌分析条件

使用法国 Alpha M. O. S 公司 ASTREE Ⅱ 电子舌，利用五味传感器阵列对样品进行分析。传感器阵列包括酸（SRS）、咸（STS）、甜（SWS）、鲜（UMS）、苦（BRS）、复合传感器 1（SPS）、复合传感器 2（GPS）、7 根电化学传感器和 1 根 Ag/AgCl 参比电极组成，对五种基本味道进行分析检测。

为了保证检测数据的稳定性和准确性，保证电子舌在测试前各项参数指标达到最佳。在检测之前需要对电子舌进行活化、校准和诊断。首先进行被动活化，将盛有蒸馏水的电子舌专用烧杯放入自动进样盘的 1 号位，手动控制将传感器阵列浸于蒸馏水中，浸泡活化 30min；之后用 Alpha M. O. S 公司自带的 0.01mol/L 的 NaCl（氯化钠）、HCl（盐酸）和 MSG（谷氨酸钠）溶液按设定的程序进行主动活化、校准和诊断。将待测样品溶液盛入电子舌专用烧杯中，采用待测样品和蒸馏水交替的方式进行检测。电子舌对样品采集的最初几次数据不稳，传感器响应值有一定程度的浮动。预实验结果表明，检测 2～3 次后，传感器响应值相对稳定。因此，每个样品确定采集 6 次平行数据，取稳定后的 3 次实验数据。样品检测时间为 10s，检测温度为室温，利用电子舌自带的数据处理软件对味觉强度数据进行采集。

采用电子舌对不同浓度的咸味及添加鲜味物质后的咸味强度进行分析，即将杏鲍菇酶解液及其 2 倍、10 倍稀释液，分别添加到 0.24g/L、0.69g/L 和 2.00g/L 的氯化钠溶液中，进行电子舌检测。

利用电子舌对不同浓度的咸味及添加低浓度鲜味物质后的咸味强度进行分析。实验结果见表 7-4 和图 7-1。

表 7-4　低浓度鲜味对咸味强度的影响

酶解稀释液鲜味强度 (MSG)/(g/L)	氯化钠/(g/L)		
	0.24	0.69	2.00
0.08	↑	↑	↑

从表 7-4 和图 7-1 中可以看出，向不同浓度的咸味溶液中添加低浓度的鲜味物质，可以使原来的咸味强度增强，随着咸味浓度的增大，增大的幅度依次降低，即在向低浓度的咸味溶液中添加低浓度鲜味的杏鲍菇酶解液，溶液的咸味强度明显增强，而向高浓度的咸味溶液中添加低浓度鲜味的杏鲍菇酶解液，溶液的咸味强度提高，但是提高的程度不大。

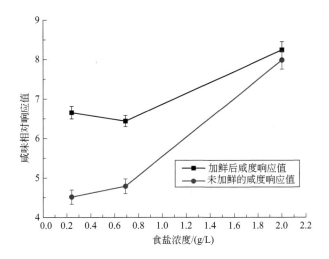

图 7-1 低浓度鲜味对咸味强度的影响

利用电子舌对不同浓度的咸味及添加中浓度鲜味物质后的咸味强度进行分析。实验结果见表 7-5 和图 7-2。

表 7-5 中浓度鲜味对咸味强度的影响

酶解稀释液鲜味强度 （MSG）/（g/L）	氯化钠/（g/L）		
	0.24	0.69	2.00
0.34	↓	↑	↑

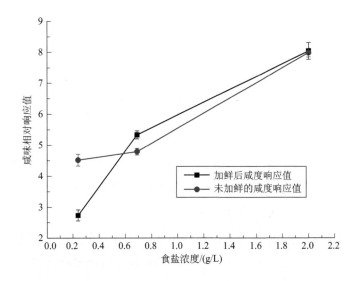

图 7-2 中浓度鲜味对咸味强度的影响

从表 7-5 和图 7-2 中可以看出，向低浓度的咸味溶液中添加中浓度的鲜味物质，咸味强度降低，向中、高浓度的咸味溶液中添加中浓度的鲜味物质，咸味强度都增强，但中浓度的咸味溶液随着鲜味物质的加入其增强的程度高于高浓度的咸味溶液，向高浓度咸味溶液中加入中浓度的鲜味物质时，溶液咸味强度稍有增加，可是增大的程度不大。

利用电子舌对不同浓度的咸味及添加高浓度鲜味物质后的咸味强度进行分析。实验结果见表 7-6 和图 7-3。

表 7-6   高浓度鲜味对咸味强度的影响

酶解稀释液鲜味强度 (MSG)/(g/L)	氯化钠/(g/L)		
	0.24	0.69	2.00
1.00	↓	↑	↑

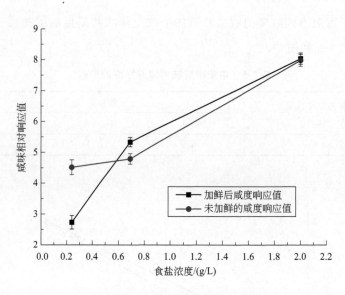

图 7-3   高浓度鲜味对咸味强度的影响

从表 7-6 和图 7-3 中可以看出，向低浓度的咸味溶液中添加高浓度的鲜味物质，咸味强度降低，向中、高浓度的咸味溶液中添加高浓度的鲜味物质，咸味强度都增强，但中浓度的咸味溶液随着鲜味物质的加入其增强的程度高于高浓度的咸味溶液，向高浓度咸味溶液中加入高浓度的鲜味物质时，溶液咸味强度稍有增加，但增大的程度不大。其变化趋势与中浓度鲜味对咸味强度的影响相似。

综合表 7-4～7.6 及图 7-1～7.3，可以看出低、中、高浓度鲜味物质的添加对中高浓度的咸味均有一定的增效作用，低浓度的鲜味物质的添加对不同浓度咸味溶液的影响较大，均有增效作用。这为研制杏鲍菇低盐调味酱提供了理论依据，在杏鲍菇调味酱的制作过程中，通过添加杏鲍菇酶解液，其与食盐相互作用可以增强调味酱的咸味，减少食盐的添加量。

（2）杏鲍菇低盐调味酱的制备　将杏鲍菇于50℃下烘干至恒重，在粉碎机中粉碎，过80目筛网，得到试验所需的粉末，备用。

工艺流程：

杏鲍菇下脚料→去杂洗净→烘干→磨粉→酶解（得到杏鲍菇酶解液）→杏鲍菇粉、面粉和淀粉→加水调匀→加酶解液→加热棕榈油→将混合液倒入锅中→加入食盐、白砂糖、姜粉、牛肉香精等→翻炒、熬制成酱

杏鲍菇低盐调味酱调配原理：杏鲍菇含有重要的鲜味物质，如谷氨酸、天冬氨酸以及5′-核苷酸，它们之间可以协同增强鲜味强度，发挥鲜味相乘作用。制备调味酱过程中使用杏鲍菇酶解液（含有天然存在的氨基酸、核苷酸），再通过外源添加食盐等与杏鲍菇中氨基酸、核苷酸进行混合、复配、调味，得到具有杏鲍菇风味的调味酱。

制备过程：将制备好的酶解液，进行稀释或浓缩，与一定浓度的谷氨酸钠溶液进行电子舌检测，得到鲜味强度在低、中、高浓度范围内的杏鲍菇酶解液，确定与咸味相互作用使咸味增强的杏鲍菇酶解液，备用；将称量好的淀粉、杏鲍菇粉和面粉进行混合，加入杏鲍菇酶解液、适量的水和生姜粉、酱油、白砂糖、牛肉香精等进行调配和咸味评价，得到杏鲍菇低盐调味酱。

（3）杏鲍菇调味酱的感官评价　感官评价指标与标准见表7-7。

表7-7　感官评价指标与标准

感官指标	评分标准	分数
风味	酱香浓郁,有杏鲍菇和牛肉香味	30
口感	杏鲍菇、牛肉味浓郁,咸淡适口	40
色泽	暗黄色、有光泽	20
状态	均匀一致,黏稠适度	10

在制备调味酱时，其整体的配方中以研究杏鲍菇酶解液、食盐和杏鲍菇菇粉的添加为主，同时在调味酱中添加杏鲍菇粉、淀粉、熟面粉、棕榈油、生姜粉、酱油、糖、牛肉香精等。杏鲍菇酶解液添加量、食盐添加量、菇粉和水的添加量对所

得到产品的整体形态及风味影响起主要的作用，因此选这四个因素进行正交试验。进行试验时按照相同的加工工艺，制备样品。经评定小组十位人员共同品尝，进行打分，取其平均值。结果见表7-8，从中选取较优的水平组合，确定最佳的产品组合。

表 7-8　杏鲍菇调味酱正交试验因素水平表

水平	因素			
	水/g	酶解液/g	食盐/g	菇粉/g
1	80	10	0.6	0.5
2	70	20	0.5	1.0
3	60	30	0.4	1.5
4	50	40	0.3	2.0

注：此表格中用于调味酱的其他配料包括：淀粉1g、熟面粉4g、棕榈油6g、生姜粉0.05g、酱油1g、糖0.1g、牛肉香精1.2g。在熬制杏鲍菇低盐调味酱的过程中，发现酱产生类似于"腥味"的味道，加入少量生姜粉可以很好地抑制这种"腥味"。另外，为了丰富杏鲍菇低盐调味酱的味道，加入了适量的白砂糖、牛肉香精，使得这种杏鲍菇低盐调味酱不仅具有杏鲍菇的风味，还有牛肉的风味。由于本课题主要探讨的是鲜咸之间的相互作用，所以不对其他配料做深入研究。

感官评分参考表7-8，总体分数为100分，其中风味占30分，口感占40分，色泽占20分，状态占10分。试验结果和方差分析如表7-9和表7-10所示。

表 7-9　杏鲍菇低盐调味酱感官评价正交试验结果 L_{16}（4^4）

试验号	水/g	酶解液/g	食盐/g	菇粉/g	空白	总分
1	1	1	1	1	1	75
2	1	2	2	2	2	73
3	1	3	3	3	3	80
4	1	4	4	4	4	75
5	2	1	2	3	4	74
6	2	2	1	4	3	76
7	2	3	4	1	2	78
8	2	4	3	2	1	74
9	3	1	3	4	2	76
10	3	2	4	3	1	77
11	3	3	1	2	4	78
12	3	4	2	1	3	74
13	4	1	4	2	3	73
14	4	2	3	1	4	75
15	4	3	2	4	1	77
16	4	4	1	3	2	74
K_1	303	298	303	302	303	
K_2	302	301	298	298	301	

试验号	水/g	酶解液/g	食盐/g	菇粉/g	空白	总分
K_3	305	313	305	305	303	
K_4	299	297	303	304	302	
$K_1/4$	75.75	74.50	75.75	75.50	75.75	
$K_2/4$	75.50	75.25	74.50	74.50	75.25	
$K_3/4$	76.25	78.25	76.25	76.25	75.75	
$K_4/4$	74.75	74.25	75.75	76.00	75.50	
R	1.50	4.00	1.75	1.75	0.50	

表 7-10　正交试验方差分析

因素	偏差平方和	自由度	均方	F	$Pr>F$	显著性
水	4.69	3	1.56	6.82	0.075	
酶解液	40.69	3	13.56	59.18	0.004	＊＊
食盐	6.69	3	2.23	9.73	0.047	＊
菇粉	7.19	3	2.39	10.46	0.043	＊
误差	0.69	3	0.23			
总变异	59.95	15				

注：＊代表 $Pr>F$ 小于 0.05 的显著性，＊＊代表 $Pr>F$ 小于 0.01 的显著性。

从表 7-9 和表 7-10 中可以看出，偏差平方和以及 F 值最大的为酶解液添加量这一因素，说明该因素对杏鲍菇低盐调味酱产品形态和整体风味影响最显著，其次是菇粉和食盐，最后是水。较优水平组合为杏鲍菇低盐调味品的最佳配方是：水∶酶解液∶食盐∶菇粉＝60∶30∶0.4∶1.5。按此工艺条件进行验证试验，感官评分平均值为 81.5，与正交实验的结论相符合。

为了更好地说明鲜味物质的添加对咸味的影响，在最佳方案的条件下做了一个空白对照，即空白对照组没有加酶解液，而是用等量的水替代酶解液，并参照表7-8 进行感官评价，感官评分见表 7-11。

表 7-11　感官评分表

样品	A	B	C	D	E	F	G	H	I	J	K	平均值
1	58	83	86	80	70	66	70	51	45	62	60	66.45
2	67	85	85	80	78	72	76	70	77	79	77	76.90

表 7-11 中 A～K 分别为 11 个人的感官评分值，样品 1 为空白对照组，样品 2 为最佳配方组，从表中可以看出，添加酶解液的样品的感官评分值高于空白对照组。在评价调味酱整体风味的同时也对酱的咸味强度进行了评价，感官评定人员一致认为样

品 2 的咸味强度明显高于样品 1 的咸味强度。充分证明，杏鲍菇酶解液的添加能使调味酱的咸味增强，且这种增效作用是可以被人的味觉感官明显区分出来的。

通过感官评价正交试验优化杏鲍菇调味酱的制备条件，得到的最佳配方为：水∶酶解液∶食盐∶菇粉＝60∶30∶0.4∶1.5。其他配料：棕榈油 6g、熟面粉 4g、淀粉 1g、生姜粉 0.05g、酱油 1g、糖 0.1g、牛肉香精 1.2g。在最佳条件下所制得的杏鲍菇调味酱的咸味强度明显高于未添加杏鲍菇酶解液所制得的调味酱。

7.2.3.5　蟹味菇低盐富肽调味料的研制

蟹味菇隶属担子菌亚门、伞菌亚纲、伞菌目、离褶伞科、玉蕈属，是北温带一种优良的食用菌，其色灰白，盖半球形，盖中央有浅褐色隐印斑纹，肉质细嫩，味道鲜美，具有浓厚的海鲜蟹味。蟹味菇含有丰富的维生素和氨基酸，营养价值极高。蟹味菇鲜品的蛋白质含量高达 2.36％，可以进行水解提取水解肽。蟹味菇水解肽具有浓郁的咸鲜蟹味感。近年来，随着培育技术的突破，蟹味菇产量大为提升，因此，开发蟹味菇类副产品对提高蟹味菇附加值具有重要意义。

（1）蟹味菇原料的预处理　选用经过卫生检验的蟹味菇，剔除杂质后放入粉碎机搅碎成匀浆状，之后放入冰箱备用。

（2）水解蟹味菇　取上述蟹味菇匀浆，按料液比 1∶4 加入去离子水，之后升温至 90℃持续搅拌 10min 灭酶。灭酶后冷却至 50℃，调节 pH 为 4.5，称取 0.2％食用菌水解酶均匀混入灭酶液中。之后继续在 50℃温度下搅拌酶解。酶解 2h 后升温至 90℃并持续搅拌 10min 进行灭酶。之后冷却至室温。水解液用 8 层纱布过滤后，以 10000r/min 转速，在 4℃温度下，离心 10min，取上层清液备用。

（3）蟹味菇水解肽的制备　上述（2）中获得的上清液过 500Da 和 3000Da 的超滤膜，保留分子量"小于 500Da、500～3000Da、大于 3000Da"三个截留组分，分别在－60℃下冻结成块。之后在－60℃，1.33Pa 真空的条件下冷冻干燥 48h 获得蟹味菇水解粗肽。各组分粗肽用粉碎机粉碎后备用。各截留组分进行描述性感官评价。感官结果见表 7-12。

由表 7-12 可知，截留组分为 500～3000Da 的水解肽具有明显的咸鲜味，且具有蟹味菇特有的海鲜蟹味，故而选取该组分为本调味料的水解肽组分。

（4）蟹味菇富肽调味料的制备　取麦芽糊精（DE 值为 10～15）20 份，加入50 份水，进行预糊化，然后加入 6 份分子量为 500～3000Da 的蟹味菇水解肽，0.4

份食盐，0.6 份白砂糖和 0.1 份酵母抽提物混合。均质后降温至 50℃得到混合料，混合料的固形物含量控制在大于 20%。之后进行喷雾干燥，喷雾干燥的条件为：上料温度为 50℃，进风温度 170℃，出风温度 90℃，雾化器频率为 350Hz，雾化流速为 50mL/min，喷雾干燥过程中要控制均质液中总固形物含量大于 20%，获得蟹味菇富肽调味料。

表 7-12　蟹味菇水解肽各截留组分感官评价

组分	色泽	气味	口感
小于 500Da	浅黄色	气味较淡,几乎没有咸鲜味	口感偏甜,有轻微涩味
500~3000Da	黄色	味道浓郁,有明显的咸鲜味和海鲜蟹味	有明显鲜味,咸味较重
大于 3000Da	深褐色	味浓,有咸香味,但海鲜蟹味较淡	有明显咸味,但鲜味不浓郁,有轻微苦味

（5）风味评价指标　蟹味菇富肽调味料的风味指标包括调味料形态、气味、在水中的溶解效果以及味道。为了应用的方便，对调味料的风味指标进行了规范标准化，评判标准见表 7-13。感官评价员为 8 人（4 男 4 女，年龄 25 岁到 30 岁），进行感官分析前，先以 1%蔗糖溶液用作甜味标准品，以 0.35%氯化钠溶液作为鲜味标准品，以 0.08%奎宁溶液作为苦味标准品，以 0.35%谷氨酸钠溶液作为鲜味标准品，以 0.08%柠檬酸溶液作为酸味标准品，对感官分析小组成员进行培训。于每日上午 9:00~12:00 进行啜饮，共进行五日，训练他们的味觉感官。感官评估采用评分制，本试验采用 100 分制，最终结果取 8 位品评员的平均分。

表 7-13　感官评分表

项目	评分标准	得分
形态	颗粒均匀,无较大颗粒	15~20
	颗粒比较均匀,较大颗粒相对较少	10~15
	颗粒不均匀,有较大颗粒	10 以下
气味	具有海鲜蟹味及咸香味,气味浓郁	15~20
	淡香,有轻微海鲜蟹香味或咸香味	10~15
	无香,有较重杂味	10 以下
在水中的溶解效果	溶解液有浓郁海鲜蟹味及咸香味	20~30
	溶解液有轻微气味	10~20
	溶解液无气味	10 以下
味道	味道鲜美,咸甜度适中	20~30
	味道微咸或微甜	10~20
	味道过咸或过甜,口感不可接受	10 以下

① 水解肽添加量对蟹味菇富肽调味料风味品质的影响研究　取 5 个洁净容器，分别加入 20 份麦芽糊精，0.4 份食盐，0.6 份白砂糖，0.1 份酵母抽提物以及 50

份去离子水，再依次加入 2 份、4 份、6 份、8 份、10 份蟹味菇水解肽冻干粉。搅拌均匀后进行喷雾干燥。收集干燥粉末。

取 1 份干燥粉末，溶于 10mL 水中进行感官评价，感官评价结果见图 7-4。由图 7-4 可知，随着水解肽冻干粉添加量的增加，感官评价得分逐渐增高，当水解肽添加量为 6 份时，感官评分最高。

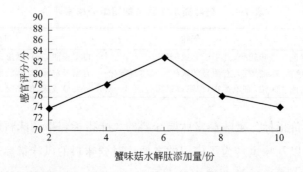

图 7-4　蟹味菇水解肽添加量对蟹味菇富肽调味料风味品质的影响

② 食盐添加量对蟹味菇富肽调味料风味品质的影响研究　取 5 个洁净容器，分别加入 20 份麦芽糊精，6 份蟹味菇水解肽冻干粉，0.6 份白砂糖，0.1 份酵母抽提物以及 50 份去离子水，再依次加入 0.2 份、0.4 份、0.6 份、0.8 份、1.0 份食盐。搅拌均匀后进行喷雾干燥。收集干燥粉末。

取 1 份干燥粉末，溶于 10mL 水中进行感官评价，感官评价结果见图 7-5。由图 7-5 可知，食盐添加量为 0.4 份时，感官评分最高。

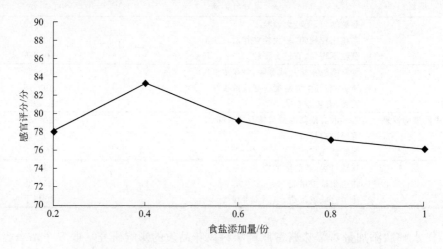

图 7-5　食盐添加量对蟹味菇富肽调味料风味品质的影响

③ 白砂糖添加量对蟹味菇富肽调味料风味品质的影响研究　取 5 个洁净容器，分别加入 20 份麦芽糊精，6 份蟹味菇水解肽冻干粉，0.4 份食盐，0.1 份酵母抽提物以及 50 份去离子水，再依次加入 0.2 份、0.4 份、0.6 份、0.8 份、1.0 份白砂糖。搅拌均匀后进行喷雾干燥。收集干燥粉末。

取 1 份干燥粉末，溶于 10mL 水中进行感官评价，感官评价结果见图 7-6。由图 7-6 可知，白砂糖添加量为 0.6 份时，感官评分最高。

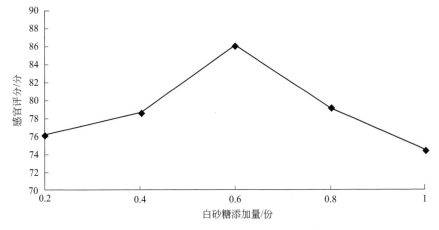

图 7-6　白砂糖添加量对蟹味菇富肽调味料风味品质的影响

④ 酵母抽提物添加量对蟹味菇富肽调味料风味品质的影响研究　取 5 个洁净容器，分别加入 20 份麦芽糊精，6 份蟹味菇水解肽冻干粉，0.4 份食盐，0.6 份白砂糖以及 50 份去离子水，再依次加入 0.05 份、0.10 份、0.15 份、0.20 份、0.25 份酵母抽提物。搅拌均匀后进行喷雾干燥。收集干燥粉末。

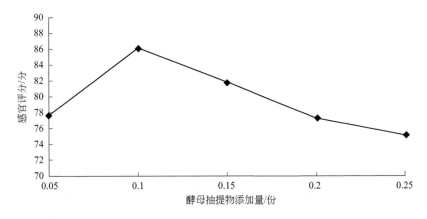

图 7-7　酵母抽提物添加量对蟹味菇富肽调味料风味品质的影响

取 1 份干燥粉末，溶于 10mL 水中进行感官评价，感官评价结果见图 7-7。由图 7-7 可知，酵母抽提物添加量为 0.1 份时，感官评分最高。

⑤ 正交试验　在单因素试验结果的基础上确定正交试验因素水平表，即表 7-14。以感官评分结果为试验结果，采用正交试验 L_{16} (4^4)，对添加的水解肽及其他配料进行优化研究，正交试验结果见表 7-15。

表 7-14　蟹味菇富肽调味料正交试验因素水平表

水平	因素			
	A 水解肽/份	B 食盐/份	C 白砂糖/份	D 酵母抽提物/份
1	2	0.2	0.2	0.05
2	4	0.4	0.4	0.10
3	6	0.6	0.6	0.15
4	8	0.8	0.8	0.20

表 7-15　正交试验结果

试验号	因素				感官评分
	A	B	C	D	
1	1	1	1	1	73.2
2	1	2	2	2	82.6
3	1	3	3	3	74.3
4	1	4	4	4	72.5
5	2	1	2	3	77.8
6	2	2	1	4	75.1
7	2	3	4	1	79.3
8	2	4	3	2	81.4
9	3	1	3	4	85.9
10	3	2	4	3	83.2
11	3	3	1	2	81.4
12	3	4	2	1	79.2
13	4	1	4	2	80.1
14	4	2	3	1	79.7
15	4	3	2	4	76.3
16	4	4	1	3	75.4
k_1	75.650	79.250	76.275	77.850	
k_2	78.400	80.150	78.975	81.375	
k_3	82.425	77.825	80.325	77.675	
k_4	77.875	77.125	78.775	77.450	
R	6.775	3.025	4.025	3.925	

从表 7-15 可知，极差 R 的大小 A＞C＞D＞B，因此，按极差大小决定要素对

蟹味菇富肽调味料风味作用的影响依次是：水解肽添加量最大，其次是白砂糖添加量，再次是酵母提取物添加量，最后是食盐添加量。因此，本实验的最适配比为$A_3B_2C_3D_2$，即水解肽添加量为 6 份，食盐添加量为 0.4 份，白砂糖添加量为 0.6 份，酵母提取物添加量为 0.1 份，另加助干剂 20 份麦芽糊精和 50 份的水，溶解均匀后进行喷雾干燥获得蟹味菇富肽调味料。

第八章
低糖食品的调香与调味

8.1 低糖食品的概念及相关标准

随着社会经济的发展，物质生活的极大丰富，我国的肥胖人群比例越来越高。有数据显示，我国体质指数（BMI）大于 28 以上的肥胖人群数量已经突破 1 亿，肥胖率突破 10%，其中城市体重超重者已经突破 40%。引起肥胖的因素有很多，如遗传因素、生理因素、代谢因素、环境和行为因素等。据研究，现代流行的肥胖绝大多数是单纯性肥胖，其主要原因有二：一是过量饮食，热能的摄入超过了机体的需要量，额外的热能以脂肪的形成在体内储存，导致肥胖；二是缺乏体力活动。由于社会进步、科技的发展，导致生产方式的变革和生活方式的改变，高强度的体力劳动越来越少，人体的能量消耗也减少，使多余的能量以脂肪的形式储存导致肥胖。过多的脂肪堆积使人体患病的危险程度显著上升。据报道，肥胖的人更容易患上心血管疾病、高血脂、高血压、Ⅱ型糖尿病、中风、关节软组织损伤、生殖能力下降、胆囊炎、胆石症等。肥胖不仅是中国面临的问题，也是全球所面临的共同问题。正是在这种背景下，减糖热潮成为一种全球化浪潮，尤其在甜味食品中实行减糖方案正在全球新食品开发中成为一种不可扭转的趋势。因此，开发出具有更多功能性、天然、低糖健康的创新产品，满足消费者越来越强烈的健康诉求，已经成为当下各食品生产厂家越来越迫切的任务。

市场上的食品在大类上可以分为甜味食品和咸味食品。甜味食品是指在食品中添加了不同比例的糖或碳水化合物或甜味剂，从而赋予这类食品在滋味上不同程度的甜味，包括各种饮料、乳制品、烘焙食品等。甜味食品在含有或额外添加一定比例的糖或甜味剂时最能体现其风味，或能显著提高消费者的感官接受性。在甜味食品中应用的食用香精香料主要是各种水果香精（如甜橙、柠檬、草莓、香蕉、芒果、百香果等）、牛奶香精、谷物香精、坚果香精等。咸味食品是指在食品中添加了不同比例的食盐或咸味替代物，从而赋予了这类食品在滋味上不同程度的咸味，包括薯片、方便面、汤料、调味料、火腿肠等。咸味食品在含有或额外添加一定比例的食盐或咸味替代物时最能体现其风味，或能显著提高消费者的感官接受性。常用于咸味食品中的香精如鸡肉香精、牛肉香精、海鲜香精、辛香料香精、蔬菜香精、奶酪香精等。值得一提的是，并非甜味食品都不含食盐，或不加食盐，有些甜味食品中加入少量的盐反而能显著增强产品的风味特征，或使产品风味更加丰富。比如在茶饮料中添加极少量的食盐可以使茶饮料的滋味更加丰富，在运动饮料中添加适量的食盐有助于帮助运动员及时补充钠离子。咸味食品也并非都不含有糖或甜味剂，只是以咸味为主体更能体现这类食品的风味，但在有些咸味食品中添加适量的糖或甜味剂则可以显著提升产品的感官特征或风味接受性。

根据《食品安全国家标准：预包装食品营养标签通则》GB 28050—2011 附表 C 中关于能量和营养成分含量声称的要求和条件的规定，食品中碳水化合物（糖）含量低于 0.5g/100g（固体）或 100mL（液体）时，可标示为无糖或不含糖，当碳水化合物（糖）含量低于 5g/100g（固体）或 100mL（液体）时，可标示为低糖。无糖或不含糖实际包含在低糖之内。因此，低糖食品就是指碳水化合物（糖）含量低于 5％的食品。低糖食品其实早在 20 多年前就已经进入市场，比如各种纯茶饮料、蜂蜜绿茶香型低糖调味绿茶饮料、无糖口香糖、薄荷水（以安赛蜜为甜味剂），其中蜂蜜绿茶香型低糖调味绿茶曾经风靡市场很多年，深受消费者的欢迎，某品牌的低糖和无糖乌龙茶至今仍然在上海市场占有重要地位，而西南市场某品牌的薄荷水也深受消费者的喜爱。无糖口香糖更是打动了无数白领的心，成为无数白领开会或会见客户前的必备"成功良药"。多年过去了，市场上的低糖和无糖食品并没有太大的发展，反而呈现出一定的下降趋势。不过，这种趋势在未来数年可能会发生巨大的变化。第一，减糖正在成为一种全球化趋势；第二，有越来越多的国家正在或已经实施糖税（sugar tax），对超过标准限量的含糖加工食品实施征税，对不同的糖含量实施不同的征税标准，以达到在广大消费者中实现显著减少糖类摄入的目的；第三，国内的肥胖问题已经变得越来越严重，减糖变得越来越迫切。

针对未来可能实施的糖税问题，一方面，生产厂家可以针对目前的产品进行升级换代，通过和香精香料供应商和有关甜味剂生产厂家密切合作，将当前产品中的碳水化合物（糖）进行减糖处理，并通过技术手段维持原有的风味和口感，避免对目前的消费者群体造成影响。另一方面，在开发新产品时，要着眼于长远，既要考虑到消费者未来对低糖、低能量的要求，又要考虑消费者对未来产品在健康、天然、功能化和创新方面的诉求。

8.2 低糖食品的调香与调味技术

8.2.1 低糖茶饮料的调香与调味技术

市售的即饮茶饮料最早起源于二十世纪八十年代的日本，据传当时日本一名著名的歌星因为喝了乌龙茶以后体重大大降低，让她重新恢复了自信，从而使乌龙茶一下子在日本市场流行开来。日本最早上市的就是罐装乌龙茶，因杀菌釜杀菌后乌龙茶风味还相对比较稳定，而绿茶和红茶使用杀菌釜杀菌后风味变化很大。此后，随着超高温杀菌技术在饮料行业的推广和普及，各种茶饮料如雨后春笋般地出现在市场上，以其健康的形象受到了消费者的喜爱。

纯茶饮料是二十世纪九十年代末期统一和康师傅推出的低糖乌龙茶饮料，以及上海三得利出品的乌龙茶饮料，分为低糖和无糖两种类型。数年以后，几家大的饮料公司又在市场上分别推出了纯绿茶饮料、纯红茶饮料、纯茉莉花茶饮料等纯茶饮料产品，其中茉莉花茶饮料曾经在市场上风靡数年，并且多年来一起存活在竞争异常激烈的饮料市场上。

纯茶饮料在中国大陆上市二十多年来，多家饮料公司一直尝试在市场上推出纯茶饮料（包括无糖和低糖两种类型），但这一块市场一直没有看到非常明显的增长，一直处于市场培育过程之中。不过，消费者的健康意识正随着时代的进步而不断提高，相信在不久的将来，纯茶饮料一定会越来越受到消费者的欢迎。

8.2.1.1 纯茶饮料的调香与调味

根据茶叶制法和品质的不同，我国把茶叶分为绿茶、黄茶、黑茶、白茶、红茶和青茶六大类，每一类茶由于其原料、加工方法、发酵程度等的不同，所制得的最终茶类不仅在香气类型、香气成分组成上存在很大的差别，而且在滋味成分的组成和含量上也存在很大的差异，使得这六大茶类在风味类型上相互差异较大，非常容易区分。而且，即使是同一类茶，它们的风味类型也可能存在非常巨大的差异，比如西湖龙井与苏州碧螺春，前者以栗香为主，后者以青香为主；青茶中的铁观音和大红袍，前者具有似兰花样的花香、青香和音韵，而后者具有岩茶类特有的岩韵、烘烤香和较淡的花香。六大茶类的这种差异，让我们在调配无糖或低糖茶饮料时，需要根据不同茶类的特点，在含糖量方面进行微调，以开发出最适合消费者口味的新产品。一般来说，甜香或花香的茶叶在调配茶饮料时，可比青香型或烤香型的茶叶添加较少的糖；调配高茶多酚含量的茶饮料，可添加相对多一些糖，而调配低茶多酚含量的茶饮料，则可添加少一些的糖；目标消费群体是嗜好饮茶的，茶味可以调配得相对浓郁和苦涩些。而针对一般的消费群体，则不宜太苦涩。如果只是想要茶饮料的香气浓郁，而滋味有茶味但又不苦涩，则可在茶叶提取上或其他方面下功夫。具体做法有多种：第一种方法是在茶叶提取时采用低温短时提取，因为在低温条件下进行提取，茶叶中的氨基酸和可溶性糖类仍然具有较高的得率，但具有苦涩味的茶多酚的得率却大幅下降，从而所调配的茶饮料具有较为鲜爽的风味，缺点是单位体积内的茶叶用量显著提高，而且茶饮料的香气总体也相对较淡。第二种方法是在较高的温度条件下进行提取，但缩短萃取时间，或进一步利用其他方法除去茶叶萃取液中的部分茶多酚，从而减少茶汤的苦涩味。第三种方法是使用香味物质含量相对较低的茶叶提取液，风味不足部分通过添加茶叶香精来实现。值得一提的是，茶叶香精不仅具有香气，而且能够提供滋味，有些茶叶香精甚至能提供较强的苦涩味，可以要求调香师对茶叶香精进行修改以取得所需要的风味。

（1）纯乌龙茶饮料的调香与调味　青茶一般习惯称之为乌龙茶，我国按地域将青茶分为闽北青茶、闽南青茶、广东青茶和台湾青茶。闽南青茶以铁观音为代表，香气为兰花香型，兼有青香、内酯香和少量烘烤香，滋味较为甘甜；广东青茶以宋种单枞为代表，与铁观音相比，宋种单枞茶具有令人十分愉悦的花香和高火香，滋味甘甜微苦；台湾青茶的风格则介于上述两种茶之间；闽北青茶烤香最重，花香、青香最淡，属于焙烤较重的茶叶。下面以消费者最熟悉的铁观音茶为例说明铁观音茶饮料的调香与调味。

① 茶原料选择以春茶为佳，但为了保证茶叶原料的供应及稳定性，可以考虑

不同季节的茶叶拼配，价格适中，具有明显的铁观音茶叶风味。一般茶叶原料供应商会根据客户的要求及客户的用量，考虑是否拼配茶叶以保证原料茶供应的稳定性。在配方中，也可以考虑加入少量茶粉，一般喷雾干燥茶粉并不会带来明显的香气，主要是提供滋味以及使产品具有一定的独特性，使产品在市场上取得较好的销量时还可以增加竞争对手的模仿难度。也可以使用冻干的茶粉，冻干的茶粉具有较好的香气，但香气质量比茶叶萃取液的质量差，价格却比喷雾干燥的茶粉贵了很多，因此在配方中使用倒不如多加些茶叶萃取液，反而更经济和具有更好的风味。

② 萃取　以茶水比（1∶30）～（1∶50）在 75～85℃ 萃取 10～15min，萃取过程中每隔 3min 可轻微搅拌 20s。由于茶叶中的茶多酚等原料对水中的钙镁离子具有较高的敏感性，原料用水应使用去离子水，水质要求符合茶饮料用水要求。

③ 过滤　萃取完毕后立即用 150～300 目过滤器过滤，滴滤 2～5min。

④ 冷却　过滤后茶汤立即冷却到 30℃ 以下。

⑤ 粗滤　茶汤经过 5μm 滤膜过滤除去较大的悬浮颗粒。这一步在生产中也可以使用离心机通过离心的方法去除悬浮颗粒。

⑥ 精滤　经过 5μm 滤膜过滤的茶汤进一步经过 3μm 或 1μm 的滤膜过滤。一般乌龙茶或红茶用 3μm 精滤后即可制得非常澄清透明的茶饮料，但绿茶若要取得较好的澄清度，以过 1μm 为佳。

⑦ 定容　过滤后的茶汤加水至萃取前水的体积。搅拌均匀即得茶汤原料。

⑧ 调配　根据需要调配无糖或低糖乌龙茶饮料。可将茶萃取液配成不同的浓度，让消费者进行品尝，选取消费者认为最适合的添加量。如果需要增加头香，可以添加适量的铁观音茶香精，添加香精后原有的茶叶萃取液用量可适当降低。低糖型的铁观音茶饮料，可在无糖型铁观音茶的基础上，添加不同浓度的白砂糖，让消费者选择最佳的茶和糖配比，乌龙茶饮料白砂糖添加量以大概 2.9% 左右为佳。纯茶饮料的杀菌对象是细菌芽孢，因此需要使用超高温杀菌，一般杀菌温度为137℃，杀菌时间 30s，然后无菌冷灌装。在这么高的杀菌温度条件下，一般茶饮料经过杀菌后都会有比较大的变化，为了减少这种风味（包括香气和滋味）的变化，一般会在饮料中添加维生素 C 来减少这种变化。根据生产实践，维生素 C 的添加量如果不足，则茶饮料的氧化会很严重；添加量太高，则会因为调节 pH 值而可能带来咸味。对纯茶饮料，以添加 0.04%～0.05% 的维生素 C 为佳，除了可以显著减少经过超高温杀菌带来的风味损失，还可以减少饮料在货架期内的品质

变化。

添加了维生素 C 后茶饮料的 pH 值会落到 3.5～4.5 之间，如果不把 pH 值调整到中性附近，饮料喝起来会有酸味，一般使用碳酸氢钠来调节 pH 值，也可以添加一些柠檬酸钠，乌龙茶和红茶一般调整最终的 pH 值为 5.8～6.0，绿茶一般调整最终的 pH 值为 6.2 左右，在这个 pH 值附近，茶饮料具有最佳的风味特征。

值得一提的是，在中性茶饮料的货架期内，茶饮料的 pH 值会发生不同程度的下降现象，严重情况下，pH 值甚至会降到 5.0 以下。这是由于茶中的酯型儿茶素类物质释放出没食子酸，导致茶饮料的 pH 值下降，因此在杀菌前宜将茶饮料的 pH 值调整到比目标 pH 值高一些，还可以添加一些具有 pH 值缓冲能力的食品添加剂。下面介绍两款乌龙茶饮料的配方，供参考。

无糖型铁观音茶饮料配方如下：

铁观音茶提取液	25.0%
维生素 C	0.05%
碳酸氢钠调 pH 至	6.0
铁观音茶香精	0.02%
去离子水定容至	100%

低糖型铁观音茶饮料配方如下：

铁观音茶提取液	25.0%
白砂糖	2.88%
维生素 C	0.05%
碳酸氢钠调 pH 至	6.0
铁观音茶香精	0.02%
去离子水定容至	100%

（2）其他纯茶饮料的调香与调味技术 在六大类茶中，绿茶的香气成分对加热较为敏感，因此在萃取时以相对较低的温度萃取较好，一般萃取温度为 60～80℃，时间 6～10min。萃取温度越低，时间越短，最终得到的茶叶萃取液滋味越鲜爽，苦涩味越低，但茶叶萃取液的用量越高，最终的茶饮料单位成本也越高。针对萃取工艺的设计，还需要考虑茶叶原料的老嫩，一般茶叶原料越老，可以使用较高的萃取温度和较长的萃取时间，茶叶原料越嫩，就应该使用越低的萃取温度和较短的萃取时间。同红茶和乌龙茶比，绿茶的香气成分含量相对较低，因此最终茶饮料的整

体风味也相对较弱,这就需要更高的茶叶萃取液用量。在挑选茶叶原料时,也可以考虑选择相对较为高香的茶叶。低糖型绿茶添加白砂糖时最佳的用糖量在 2% 左右,用量过高,茶饮料过甜,并降低绿茶饮料的风味接受性。通过添加茶叶香精,可以提高绿茶饮料的头香,并稳定最终茶饮料的品质。值得一提的是,低糖型茉莉绿茶曾经风靡市场,至今仍具有一定的市场份额,它是以一定比例的炒青绿茶加上茉莉花茶拼配提取,其中茉莉花茶的用量略高于炒青绿茶,调配以绿茶香精和蜂蜜香精后得到的低糖茶饮料,其含糖量在 3.5%~4% 之间,具有较高的风味接受性。

红茶、黑茶为全发酵茶,它们的风味相对较为浓郁,对热也较为稳定,因此可以在较高的温度下进行萃取,这样可以显著地降低茶饮料的原料成本。如果想要取得较为鲜爽的滋味和更好的口感,可以通过适当降低萃取温度以减少茶叶萃取液中的茶多酚,提高氨基酸的相对浓度。低糖型红茶饮料则在较高的白砂糖含量范围内具有较高的风味接受性,含糖量可在 4%~5% 之间。

在低糖型茶饮料中,如果要开发成无能量型的茶饮料,但如果消费者又希望保留一定的甜味,可以使用人工合成或天然的甜味剂,或香精公司的甜味及口感解决方案。由于茶饮料具有良好的健康形象,因此在使用甜味剂时宜使用天然甜味剂,或使用香精公司的"清洁标签"(cleanlabel)解决方案。

8.2.1.2 低糖酸性茶饮料的调香与调味

在酸性茶饮料中,最经典和最受欢迎的茶饮料无疑是柠檬风味茶饮料,其中又以柠檬红茶最受消费者喜爱,从二十世纪九十年代中期在国内上世以来至今仍然畅销不衰。柠檬茶深受消费者喜爱的原因一是因为柠檬本身就是一种很受消费者喜爱的水果,在食物中广泛应用在饮料和调味上,而且它的风味和茶能很好地融合在一起,从而产生一种令人愉悦的柠檬茶风味。不同品种或地域的柠檬除了在糖酸等风味物质上具有一定的差异外,在香气物质(挥发性成分)的构成和含量上也具有差异,而后者对消费者的接受性方面具有非常大的影响。主要的柠檬品种有以下几种。

(1)尤力克(Eureka) 又称为油力克、油利加,原产于美国,是目前世界上栽培最广泛的品种,果实椭圆至倒卵形,果实中大,单果重 90~160g,果实顶部有乳头状凸起,基部钝圆,有放射状沟纹。果皮淡黄色,油胞大,皮薄少核。这种柠檬风味比较大众化。

（2）米尔柠檬（Meyer） 又称为北京柠檬、香柠檬、美华柠檬，是柠檬和橙或柠檬和宽皮柑的杂交种，1908 年在北京近郊被发现，带回美国继续选育而成，该品种含酸低，略带苦味，皮薄多汁，在风味上有些类似尤力克。

（3）费米奈劳（Femninello） 费米奈劳是意大利柠檬主要栽培品种，果实中等大小，果实椭圆或有长短不等的短颈的椭圆形，果皮厚，表面油胞下陷，果皮黄色，多汁，高酸，少核至无核。

（4）维拉法兰卡（Villafranca） 该品种原产于意大利西西里岛，国内引进意大利品种在广东和四川等地有试种。果实椭圆形，顶部乳突明显，皮浅黄，光滑，单果重 140g 左右，果肉柔软多汁，味酸，香气浓郁，是柠檬中的上佳品种。

（5）维尔拉（Verna） 维尔拉是西班牙晚熟品种，椭圆形，果实大，少核，果皮黄色，果肉细嫩。

（6）里斯本（Lisbon） 葡萄牙品种，果皮较光滑，果肉酸味较浓。

（7）菲诺（Fino） 起源于西班牙，是澳大利亚主要栽培品种。果实大小适中，球形或椭圆形，浅黄或黄色，皮薄，酸含量高。

调香用的柠檬香精主要以天然柠檬油为原料，辅以合成的香原料或其他精油，通过添加水和溶剂（一般是酒精），经过"水洗"工艺制得。不同的柠檬油原料其中含有的萜烯类成分组成和含量不同，柠檬醛的含量不同，对最终香精的稳定性影响很大。不同的水洗工艺因为除萜不一样，因此对香精最终的稳定性也有影响。总的来说，柠檬香精在最终饮料中的风味稳定性主要取决于其中的柠檬醛的含量，一般来说，柠檬醛含量越高，则柠檬香精越不稳定，并且柠檬醛的这种对酸和光的不稳定性是目前技术途径难以克服的。"水洗"工艺剩下的萜烯类成分也相对不太稳定，但远比柠檬醛的稳定性好。一般香精公司都对自身的不同柠檬香精做过稳定性测试，客户在选择柠檬香精时可以向香精供应商咨询。美国国际香精香料公司（IFF）推出了一种商品名为"CLEARTEK"的新的稳定柑橘类香精产品，其中的柠檬香精与传统的柠檬香精相比，具有很低的柠檬醛含量，因此其香精稳定性得以大幅度提高，并取得了商业化成功。

显然，调配柠檬风味的新产品时，尤其是调配高酸型的饮料产品时，首先，要选择风味稳定的柠檬香精，否则柠檬香精在食品保质期内风味可能会发生较大的变化，有可能使消费者能在感官上明显觉察到。其次，需要考虑香精的风味嗜好性。传统的柠檬风味消费者已经非常熟悉，再开发类似的产品很难取得商业上较大的成功。因此，可以考虑不同的地域，不同的品种或挖掘地域/品种等背后的故事以打动消费者。我们在开发新产品时，还可以将一个优秀的柠檬香精分解成若干片段，如 juicy、peely、sweet、waxy、woody、fresh、sul、fury、lime、oxidized 等，在开发新产品时根据消费者嗜好的变化，多添加消费者所更偏好的部分。同时，在和市场上的竞品进行比较分析时，也可以使用上述描述语来进行定性和定量的描述，并使用"蜘蛛图"进行对比分析，就可以对竞品在感官方面的差异一目了然。

除了柠檬香精以外，还有其他不少水果或其他风味在酸性基料里可以和茶取得较好的配合，如桃子、柚子、莓类、苹果等。值得一提的是，具有较甜香气的水果香精，在相同的酸性基料中会在口味上带来少许的甜味，因此在糖酸比调配上要略少加糖或略增加酸用量。

传统的酸性茶一般调配成高糖高酸，糖含量过去一般在 9% 以上，这样的糖酸，非常好地发挥了果味酸性茶的风味特征。把传统的酸性茶调配成低糖酸性茶时，可以参考两种方案，一是基本不改变酸的含量，降低糖的含量到 5% 以下，降糖部分用甜味剂或香精公司的甜味解决方案来弥补。降低糖的用量后，一般来说，饮料在口腔中的口感会有明显下降，即使添加甜味剂或甜味解决方案后将甜味水平调到相同程度，仍然不能有效弥补降糖导致的口感下降损失。香精公司经过研究，提出了口感解决方案，它们有时也可以和甜味解决方案合二为一，以弥补降糖所导致的甜味和口感的下降。二是保持糖酸比不变，但同比例降低糖酸，这种方案的缺点是产品因为低糖低酸，在感官上的接受性受到了显著的影响。

在酸性茶中，有些水果风味中添加少量的胶类物质如某些果胶，可以使饮料具有滑爽的口感，但在酸性绿茶中采用相同配方反而降低产品感官得分。笔者认为，某些胶类、稳定剂或增稠剂也可以部分弥补降糖所带来的口感损失。

下面介绍一款低糖柠檬茶的配方，供参考：

白砂糖	4.9%
柠檬酸	0.15%
抗坏血酸	0.01%
速溶红茶粉	0.17%
柠檬酸钠	0.03%
甜菊糖苷（Reb97）	0.012%
三氯蔗糖	0.004%

红茶香精	0.04%
柠檬香精	0.08%
口感香精	0.02%
去离子水定容至	100%

需要说明的是，一般在酸性茶饮料中，多使用速溶茶粉为原料，且一般应选择耐酸型茶粉（一般经过特殊处理使之在酸性条件下具有较好的稳定性），不足的茶风味由茶叶香精来提供或弥补。不同来源的茶粉由于工艺不同可能在茶多酚含量上有明显差异，导致在基料中茶味和涩味不同，一般酸性茶宜选择涩味较低的茶粉，因为一般消费者都不太喜欢酸性茶具有明显的苦涩味。在选择柑橘类香精时，还可以选择透明乳化柑橘类香精，这类香精相比"水洗"类柑橘香精具有更完整丰富的风味和优良的口感，具有鲜榨的柑橘风味特征。

8.2.2 低糖咖啡饮料的调香与调味技术

咖啡是世界三大饮料之一，是热带种植业中的一大产业，在世界热带农业经济、国际贸易和人类生活中具有重要的地位和作用。我国咖啡种植历史较短，在20世纪50年代中后期才开始，发展也比较缓慢，但在90年代末咖啡产业得到了快速发展，种植面积也不断扩大，产量得到迅速增长，国内的咖啡馆生意也蓬勃发展，许多即饮咖啡饮料如雨后春笋般涌向市场。但目前的即饮咖啡饮料含糖量都比较高，从长远的眼光来看并不太适合即饮咖啡饮料的发展。

根据我国国家标准的分类，咖啡分为以下五个品种。

① 小粒种咖啡　也称为阿拉比卡种（Arabica），原产于埃塞俄比亚，是世界主要栽培品种，目前产量占全球产量的近80%。我国主要栽培在云南和广东湛江地区。

② 中粒种咖啡　也称为罗布斯塔种（Robusta），原产于非洲刚果热带雨林区，其栽培面积仅次于小粒种咖啡，我国主要栽培在海南省。目前产量占全球产量的近20%。

③ 大粒种咖啡　也称为利比里亚种（Liberia），原产于非洲利比里亚，栽培面积很小，只占全球产量1%左右。

④ 埃塞尔萨种。

⑤ 阿拉巴斯塔种。

阿拉比卡种和罗布斯塔种是目前全球最广泛栽培和消费的品种，二者合计占全球总栽培和消费量的近99％。阿拉比卡种和罗布斯塔种在很多方面具有较大的差异（表8-1），其中阿拉比卡种具有非常愉悦和丰富的风味，受到了全球咖啡消费者的普遍欢迎，但其价格也要比罗布斯塔种高不少。比较高档的咖啡馆一般都会用阿拉比卡种来吸引消费者，而罗布斯塔种则主要用于即饮咖啡饮料、速溶咖啡或较低档的咖啡馆。考虑到未来的发展趋势和消费者越来越高的要求，未来在开发即饮咖啡饮料方面也可以更多考虑使用阿拉比卡种咖啡豆。另一种发展趋势是，随着消费者对咖啡的了解越来越深入，消费者也会逐渐认识到咖啡的风味绝大部分来源于烘焙过程，而不同的烘焙程度所产生的咖啡风味也不一样，浅烘焙的咖啡带有淡的烘焙香和一定的青草气息，中等烘焙的咖啡具有非常愉悦的花果香和咖啡的烘烤香，深度烘焙的咖啡随烘焙程度加深，其花果香逐渐消失，代之以我们现在所熟悉的咖啡烘烤香。事实上，对于阿拉比卡咖啡，为了充分展现其风味特征和其高雅而丰富的香气，一般不宜深度烘焙，而采用中等烘焙。如果采用深度烘焙，阿拉比卡和罗布斯塔的差异就会显著变小，无论是在香气还是滋味方面。随着消费者对阿拉比卡这种风味特征的了解，相信未来会有越来越多的消费者会逐渐喜欢上浅中度烘焙的咖啡。

表 8-1　阿拉比卡种和罗布斯塔种咖啡豆的比较

比较项目	阿拉比卡	罗布斯塔
产量/(kg/hm²)	1500～3000	2300～4000
最佳海拔高度/m	1000～2000	0～700
抵抗病虫害能力	较弱	较强
咖啡因含量/％	0.8～1.4	1.7～4.0
豆的形状	扁平	椭圆
主要用途	常规饮用,即饮咖啡饮料	即饮咖啡饮料,速溶咖啡
杯评法干闻	强烈的特征性果香,花香 与咖啡香,香气丰富	典型的焙烤咖啡香气, 香气较为单一
杯评法湿闻	强烈的特征性果香,花香、 酸香与咖啡香,香气丰富	典型的焙烤咖啡香气, 香气较为单一
杯评法湿评	强烈的酸味,花果香, 淡淡的苦味,后味甘甜	强烈的苦味,带酸味

即饮咖啡饮料最早在国内市场出现的是咖啡乳饮料，而固体咖啡饮料则是咖啡粉加速溶奶精和糖后用热水冲泡。在日本和韩国市场，咖啡饮料已逐渐发展为向重

咖啡轻奶味，以及纯咖啡饮料方向发展。下面以纯咖啡及含奶咖啡介绍一下咖啡饮料的调香及调味。

8.2.2.1 纯咖啡饮料的调香与调味

纯咖啡饮料可以使用咖啡粉为原料，也可以使用咖啡豆为原料，还可以使用咖啡提取液为原料。使用咖啡粉为原料时，对咖啡原料的品质控制只需供应商把控好品质即可。使用咖啡豆为原料时，可以自己烘焙咖啡豆，也可以让第三方烘焙咖啡豆，如果自己烘焙咖啡豆，就需要具有专业的设备和专业的烘焙人员，另外，对品质控制的要求也较高，否则，最终饮料的品质容易出现较大的变动。如果是第三方提供的烘焙好的咖啡豆，建议在短时间内使用完毕，否则烘焙后的咖啡豆风味氧化和变味速度非常快。咖啡提取液也是饮料生产商常用的原料，有些咖啡提取液生产商在咖啡浓缩液杀菌前会加香标准化，以减少批次之间的差异。这种细微的风味方面的差异需要经验比较丰富的专业人员来评价，从而根据与标准样的差异大小来选择合适的方法来进行标准化。还可以不同的咖啡原料搭配来减少原料品质变动带来的影响，也可以增加产品被竞争对手模仿的难度。对于比较独特的原料，有些财力雄厚的客户会要求供应商在一定时期内不得供应给其他客户。下面介绍一款低糖纯咖啡饮料的配方，供参考。

白砂糖	4.18％
速溶咖啡粉	0.80％
咖啡香精	0.03％
酸度调节剂	pH6.0
水溶解并定容至	100％

由于是中性饮料，产品需在130℃以上条件超高温杀菌或使用杀菌釜杀菌。据小范围的统计结果，糖与咖啡粉的用量比值在5.0～6.5之间感官接受性比较好，当然，这还与咖啡粉的咖啡因含量和加工咖啡粉的咖啡豆的烘焙程度有关。据资料报道，咖啡中的苦味主要来源并不是咖啡因，而是咖啡经过烘焙后产生的具有强力苦味的物质。如果咖啡粉中使用了较多的粉末载体，这会降低咖啡的风味强度，从而会增加咖啡粉的用量。如果要进一步降低糖的用量且保留甜味水平，可以使用合成甜味剂，或使用香精公司具有清洁标签性质的甜味香精。上述配方中的糖可以用清洁标签的甜味香精代替30％，但基本在口感和风味方面没有太多变化。

在纯咖啡饮料的基础上，也可以加一些不同的香精或提取物以增加纯咖啡饮料的花色和品种。咖啡生豆在烘焙过程中，浅烘阶段生青味逐渐消失，在中等烘焙阶段除了逐渐形成咖啡非常丰富的果香味和花香味，以及烘焙烤香味，在烘焙后期阶段烤香味加深形成焦糊和烟熏的气味，而果香味和花香味所剩不多。因此，某些果香风味香精和花香风味香精实际上可以和中等烘焙的咖啡形成较好的搭配，产生较为愉悦的风味。比如芒果香精、甜橙香精、柠檬香精等果香可以在中等烘焙咖啡饮料中形成独特的风味搭配。对于花香型香精，除了可以使用较为常用的花香精来进行搭配外，也可以通过调香师对中等烘焙咖啡香气顶空的分析，来调配花果香部分这一片段，也可以进一步将这一片段分为果香片段和花香片段。某些天然提取物也可以和咖啡风味形成较好的搭配，如肉桂提取物，但不宜过多。

8.2.2.2 含乳咖啡饮料的调香与调味

从目前国内市场的反应来看，消费者还是比较喜欢含奶的咖啡，尤其是拿铁咖啡，其次摩卡咖啡也比较受消费者欢迎。含乳咖啡饮料的风味接受性取决于以下几个因素。

（1）奶粉或液体奶的来源和品质　由于奶牛摄入的食物不同，所生产的奶粉或液体牛奶风味也有差异。最为典型的差异是有些奶粉具有强烈的腥臭味，这一点可能在一些国家消费者认为是正常的奶臭味，而在国内许多消费者却不太喜欢这种令人感官不悦的奶臭味。还有的奶粉在调配过程中不会产生奶臭味，但是如果采用杀菌釜杀菌之后（121℃，20min），则会产生强烈的腥臭味，而优质的奶粉产生的腥臭味则较淡。采用超高温杀菌可以非常显著地减少杀菌后产生的奶腥臭味。在日本，有些生产厂家采用鲜牛乳来生产高品质的咖啡乳饮料产品。由于鲜牛乳（采用巴氏杀菌，或在生产中快速使用）保质期短，而且需要冷藏，因此使用鲜牛乳加工咖啡乳饮料只适合拥有奶牛场的企业。鲜牛乳如果采用超高温杀菌后而具有较长的保质期，一般在风味上会产生一些焦甜的风味，与鲜牛乳的风味具有显著的差异。

（2）咖啡豆或咖啡粉的来源和品质　过去，生产咖啡乳饮料多使用罗布斯塔品种，因其价格较低，而且滋味上也比阿拉比卡品种更刺激和强烈，因此在咖啡乳饮料中可以用相对较少的量而取得较强的风味。但从目前国外的一些趋势看，咖啡乳饮料中正在不断地减少奶粉或鲜牛乳的用量，同时更加突出咖啡的风味。从国内的情况来看，消费者也对新产品提出了越来越高的要求，因此在新产品的开发上，阿拉比卡品种会受到消费者越来越多的欢迎。从咖啡风味上来看，使用咖啡豆来生产咖啡饮料比使用咖啡粉或咖啡提取液能取得更好的风味接受性，但对生产人员、生产设备等提出了更高的要求，不同厂家可以根据自身的产品定位、人员素质和生产情况来选择适合自身要求的原料。

（3）稳定剂和乳化剂体系　由于牛乳制品中含有一定量的乳脂肪，它们在咖啡乳饮料中容易上浮而在咖啡乳饮料的瓶颈处形成一圈白色悬浮物，这会影响咖啡乳饮料的外观和消费者的可接受性。减少这种现象的措施就是在咖啡乳中加入乳化稳定剂，一是在乳脂肪油滴的界面处形成一层保护膜，防止油滴之间相互接触而变大，二是降低油滴表面的界面张力，三是让油滴体系带上负电荷，四是通过提高了体系的黏度从而降低乳脂肪的运动速度。

（4）香精的搭配　通过添加食用香精，可以使咖啡乳饮料取得更好的头香和完整丰富的风味，显著提升咖啡乳饮料的风味接受性。对于低糖咖啡乳饮料，通过添加香精公司的口感香精技术，可以较为有效地弥补降糖以后导致的口感损失。

（5）杀菌条件　对咖啡乳饮料最好的杀菌条件是巴氏杀菌，通过杀灭低温菌然后产品在冷链条件下储藏和销售，其次是超高温灭菌，其风味比巴氏杀菌略差，但可以取得长时间的储藏，最差的杀菌方式是杀菌釜杀菌，产品风味损失和变化较大，在杀菌后 1～2 周内还有较强的奶臭味。

（6）均质　通过均质，可以将乳脂肪打成较小而均匀的颗粒，并且赋予咖啡乳饮料较为滑爽的滋味。

（7）咖啡乳饮料的 pH 值　咖啡豆中天然含有许多有机酸，这赋予咖啡原料以一定的酸味，如果不调整体系的 pH 值，经过杀菌后咖啡乳饮料中的蛋白质会发生变性现象，因此在添加咖啡原料前宜先将咖啡原料的 pH 值调整到中性到碱性，使最终饮料的 pH 值在 6.5 左右。

下面介绍一款低糖摩卡咖啡饮料的配方，供参考：

咖啡粉	0.4%
咖啡提取液	2.5%
脱脂奶粉	0.9%
全脂奶粉	1.6%
速溶可可粉	0.015%

白砂糖	3.60%
三氯蔗糖	0.003%
蔗糖酯 1570	0.05%
稳定剂	0.15%
咖啡香精	0.03%
鲜奶香精	0.01%
巧克力香精	0.05%
碳酸氢钠	适量
去离子水定容至	100%

产品的杀菌条件为 137℃，30s，无菌冷灌装。主要杀菌对象为耐热的产毒芽孢菌。

8.2.3　低糖运动饮料的调香与调味技术

运动饮料是指营养素及其含量能适应运动或体力活动人群的生理特点，能为机体补充水分、电解质和能量，可被迅速吸收的饮料。GB 15266—2009 规定了运动饮料的可溶性固形物含量为 3%～8%，钠离子含量为 50～1200mg/L，钾离子含量为 50～250mg/L，抗坏血酸含量不超过 120mg/L，硫胺素及其衍生物为 3～5mg/L，核黄素及其衍生物为 2～4mg/L。

8.2.3.1　运动饮料的生理意义

正确地使用科学配制的运动饮料，有助于提高运动成绩，促进运动训练和全民健身的科学化。

（1）调节体温　人体在运动时代谢会比安静时增加 10～20 倍，其中所产生的能量 25% 转变为肌肉活动及其他器官的活动消耗，另外 75% 直接转化为热能，使人体体温升高，此时机体必须将热能及时散发出去，否则会对人的生理机能和运动能力产生不良影响。人体散热的主要方式是通过蒸发散热，包括皮肤出汗和呼吸道蒸发为水蒸气。补充运动饮料可以及时地补充人体在运动过程中所散失的水分，从而起到调节体温的作用。

（2）维持血量　运动时人体会发生不同程度脱水，当人体脱水占体重 2% 时，机体耐热能力降低，达 4% 时，肌肉耐力下降，达 4%～6% 时，肌肉的力量和耐力

均降低，运动能力下降 30％，更严重时会使体温过高和循环衰竭导致死亡。这种
生理机能障碍是由于失水使人体内血容量减少，心脏每搏输出量减少，不能满足运
动时机体的需要。因此，运动中及时补充运动饮料，可以维持人体血容量，提高运
动能力。

（3）补充电解质和维生素　人体在运动过程中会分泌和排出大量汗液，汗液中
含有钠、钾、钙、维生素 C、维生素 B_1 等成分（表 8-2）。如果不及时补充人体损失
的无机盐等成分，会导致肌肉痉挛和运动成绩下降。但也不能过高摄入钠盐或钠盐药
物，过多摄入钠盐，会导致腹痛，而饮用运动饮料是一种很好的补充电解质的方式。

表 8-2　人体汗液、血浆及细胞内液中主要电解质成分浓度

单位：mmol/L

电解质	汗液	血浆	细胞内液
钠离子	20～80	130～155	10
钾离子	4～8	3.2～5.5	150
钙离子	0～1	2.0～2.1	0～2
镁离子	＜0.2	0.7～1.5	15
氯离子	20～60	96～110	8

（4）供应糖类　糖类对维持运动员高强度训练负荷和良好的比赛表现具有非常
重要的作用，当持续长时间的运动后，人体内的血糖会明显降低，出现眩晕恶心等
症状，运动饮料可以及时补充运动中消耗的糖类物质。

8.2.3.2　运动饮料的配方设计

科学的运动饮料配方，可以及时补充运动过程所损失的水分和电解质，快速提
供能量，从而显著地提高运动员的运动成绩。

（1）水分　人体体液中水分不足或出现不同程度脱水状况会影响运动能力的发
挥，及时补充水分有助于维持心脏输出功率，增加血液流向皮肤的量从而促进热量
散失，防止体液温度过高。不同的运动饮料配方，其补水效果不同。饮料经摄入后
首先进入胃中，进入胃内的饮料只有经胃排出后进入小肠，才能被机体吸收。因此
饮料的胃排空速率直接影响水分吸收的快慢。一般来说，胃内液体的容积越大，则
排空速率越快；饮料的能量越高，胃排空速率越慢；饮料的渗透压越高，越不利于
胃内液体的排空；饮料的酸度也影响排空速率，中性最快，酸度增加则不利于排

空；高强度的运动可能阻碍胃的排空。

（2）钠 正常成年人体内的钠含量一般为每千克体重含钠 60mmol，人体内的钠离子具有调节水分，维持酸碱平衡，加强神经肌肉兴奋性，维持血压正常等作用。

运动过程中人的体温会快速升高，机体主要通过皮肤蒸发出汗的方式排出水分来降低体内温度，同时也会损失电解质成分。人体散失水分的另一个途径是尿液，但过多的尿液产生对人体水分保持和运动能力不利。研究表明，补充含钠的饮料，可以减少尿液的排出。一般运动饮料中钠的含量对于运动前和运动中饮用推荐为 20～25mmol/L，对于运动后饮用补水推荐为更高的量，如 50mmol/L。

（3）碳水化合物 在运动过程中，机体内的内源性碳水化合物被不断消耗，造成血糖含量减少和糖原的消耗，导致运动中能量不足，肌肉和精神疲劳，运动能力下降。因此，在运动中及时补充外源性碳水化合物，有利于血液中血糖浓度的维持，减少机体内糖原的消耗，延缓疲劳的发生，从而提高运动成绩。据研究，在运动中补充 40～80g/h 的糖类就可以达到补糖效果。含糖量太低，血糖补充不充分，内生糖原被消耗；含糖量太高，多余的糖类会增加胃肠负担。因此，饮料的含糖量控制在 4%～10% 之间，则运动员每小时饮用 500～1000mL 饮料，就可以充足地补充所需碳水化合物。碳水化合物含量不宜太低，如低于 4%，则运动员需要摄入更多的饮料，这会增加胃的负担，导致不适。据研究，含糖在 4%～8% 的运动饮料比纯水或甜味液更有助于提高运动成绩。运动饮料中常用的碳水化合物有葡萄糖、蔗糖、果糖、果葡糖浆等，不同的碳水化合物在运动饮料摄入中作用不同（表 8-3）。

表 8-3 不同碳水化合物在人体运动吸收中的特点

评价指标	蔗糖	葡萄糖	果糖	果葡糖浆	麦芽糊精
血糖指数(GI)	中	高	低	中	高
胃排空	极好	极好	中	中	极好
胃肠适应性	易	易	难	难	较易
需要消化程度	低	N/A	高	高	中
吸收	易	易	一般	一般	易
运动中能量供给	优	优	一般	一般	优
运动后糖原恢复	良	优	差	一般	优
对液体吸收的影响	好	极好	差	一般	较好

在运动中的不同阶段，对碳水化合物的摄入有不同要求。运动前，宜摄入低

GI 值的糖源，运动中因不存在胰岛素升高的情况，对 GI 无要求，运动后，补充碳水化合物的目的是提高血液中葡萄糖水平以尽快合成糖原，补充运动中消耗的糖原，这时高 GI 运动饮料更有效，但应在运动后前几个小时内及时补充。根据表 8-3 中不同糖类的特性，在开发运动饮料时可以根据运动的特点有针对性地选择糖类，或不同糖类搭配使用。

（4）渗透压　运动饮料按渗透压的高低可分为低渗饮料（渗透压低于 280mOsm/L），等渗饮料（280～320mOsm/L）和高渗饮料（渗透压高于 320mOsm/L），与人体血液渗透压类似的是等渗饮料。低渗饮料适合只需要补充水分而无需补充糖的运动员，如体操、赛马等；等渗饮料适合大多数运动员；高渗饮料一般用于运动后补充碳水化合物，以恢复肌糖原的储存水平。因此，在设计不同类型的运动饮料时，需要计算最终饮料的渗透压水平，以明确饮料的适应性，从而最佳地发挥运动饮料的功能性。

8.2.3.3　低糖运动饮料的调香与调味

运动饮料中的水分、碳水化合物、电解质、氨基酸等成分决定了运动饮料的功能性，而饮料的糖酸度和食用香精的添加决定了消费者对运动饮料的喜好度。饮料的糖酸度容易调整，而开发出一款风味好、品质稳定、能在市场上畅销不衰的饮料产品则是由很多因素决定的。从消费者的角度来考虑，在运动饮料中所添加的食用香精最好是能让消费者在开瓶后就能闻到愉悦的香气，具有带来能量的感觉，能够从精神层面激发运动员内心潜在的斗志，配合运动饮料饮用后补充的水分和电解质等营养成分，在物质和精神层面促使运动员取得更好的成绩。可以说，在运动饮料中，对饮料的可接受性具有决定性的因素是食用香精。就全球范围来看，运动饮料中最受消费者喜欢的是柑橘类香精，如西柚香精、柠檬香精、甜橙香精、柚子香精、卡曼橘香精等。

众所周知，柑橘类香精含有 90%～95% 的萜烯类成分，它们容易氧化，而且水溶性较差，因此，用于饮料的柑橘类香精一般使用水洗香精和乳化柑橘类香精。水洗香精将天然柑橘油、水和酒精混合，搅拌静置后冷藏过夜，分离除去上层的萜烯类成分，即得含有水、酒精和水溶性柑橘油的水洗柑橘香精，还可以额外添加一些合成或天然香料以丰富香气，添加在饮料中后可以得到透明的饮料，缺点是风味不够丰富，口感也相对较差，头香较欠缺。乳化香精是利用阿拉伯胶、变性淀粉等稳定剂将柑橘油乳化形成水包油的体系，添加在饮料中后可以在饮料中形成均匀稳定的悬浮体系，呈现混浊的外观，给消费者一种产品很有内容物的感觉。乳化香精在使用中应注意要根据饮料的糖度（Brix）来调整乳化香精油相的比重，从而使乳化香精中乳化的油滴能在饮料的保质期内稳定地悬浮在饮料中。另外一种类型的乳化香精是透明乳化香精，它们的特点是乳化后的粒子直径较小，从而使可见光容易透过，因此香精本身具有一定的透明性，在最终饮料中也表现出透明的外观，这种香精是当前的流行趋势。

在调配饮料时要注意柑橘类香精的风味稳定性，一定要选择在饮料保质期内相对较稳定的柑橘类香精。由于食用香精中的成分极为复杂，期望在保质期内饮料的风味不发生任何变化是不切实际的，从技术上来说也是不可能实现的，只能通过选用较稳定的原料，通过合理的配方设计，配合科学的饮料配方体系，使最终的饮料产品在整个货架期内风味变化最小。在柑橘类香精中，柠檬香精的稳定性是最有挑战性的。天然的柠檬油中含有一定含量的柠檬醛，这种物质在酸性和光照条件下都很不稳定。业界已经通过技术的手段合成了具有柠檬醛风味的类似物，或者通过工艺和技术手段显著降低了天然柠檬油中的柠檬醛的含量，从而间接地提高了柠檬油的风味稳定性。另外一种值得一提的现象是，由于柠檬风味非常受消费者的欢迎，市场上实际已经有不少柠檬风味的饮料，而由于柠檬风味的相对不稳定，消费者从市场上买到的产品实际上已经有一定程度的氧化，因此在消费者心目中，这就是典型的柠檬的香气。如果一个新产品以非常新鲜的柠檬呈现给消费者，可能消费者会觉得并不太像真正的柠檬。

由于柑橘类型的香气在市场上已经非常普遍，探索开发其他类型的风味，以满足消费者多样化的口味需求也是当前饮料开发商的重要挑战之一。幸运的是，全球化正变得越来越紧密，互联网拉近了不同地域的距离，香精公司对新风味的创新如饥似渴，这些变化为饮料开发商向市场推出新产品提供了众多的解决方案。下面介绍一款低糖运动饮料的配方供参考：

果葡糖浆（HFCS55）	3.12%
白砂糖	2.40%
柠檬酸	0.13%
柠檬酸钠	0.03%
氯化钾	0.02%

牛磺酸	0.05％
氯化钠	0.04％
复合维生素	适量
复合甜菊糖苷	0.006％
甜橙香精	0.08％
水定容至	100％

最终饮料的杀菌对象为耐酸菌、霉菌和酵母，杀菌条件为 95～105℃，15～30s。

8.2.4　低糖果蔬汁饮料的调香与调味技术

果蔬汁饮料中含有丰富的碳水化合物、膳食纤维、维生素、矿物质、有机酸、色素和酚类物质等成分，因而是市场上最受消费者喜爱的饮料之一。以橙汁为例，鲜榨橙汁中含有蛋白质、碳水化合物、有机酸、矿物质、维生素 C、B 族维生素、黄酮类、胡萝卜素等（表 8-4），尤其是橙汁中所含有的丰富的矿物质、维生素等成分为人体提供了除主食以外的一种非常重要的食物补充。

根据国标 GBT 31121—2014 规定，将果蔬类饮料分为果蔬汁（浆）、浓缩果蔬汁（浆）、果汁饮料及复合果蔬汁（浆）饮料、蔬菜汁饮料、果肉（浆）饮料、果蔬汁饮料浓浆和水果饮料，不同的产品其要求的果蔬汁含量不同。

果蔬经过榨汁以后，得到单倍果蔬汁（1×）。单倍果蔬汁经过杀菌以后，即得到非浓缩还原100％果汁（not from concentrate，简写为 NFC），可安全地进行销售。NFC 果汁是 100％果汁产品，因此成本较高，最终的售价也较高，营养素含量也相对更高，但这种产品一般适合拥有种植园的生产商加工。从目前的市场来看，NFC 果汁在市场上的份额并不高。NFC 果汁一般不太适合国际贸易，因为单倍果汁的体积庞大，储藏和运输成本都非常高，因此商业上常将单倍果汁进行浓缩，如橙汁、葡萄汁、草莓汁、蓝莓汁、菠萝汁、苹果汁等常被浓缩到 65～71Brix 之间，然后运输分销到全球各个地方。在使用前，只需要按照相关标准进行复原达到规定的果蔬汁含量即可。

国标 GBT 31121—2014 同时规定了单倍果蔬汁（即复原果汁和复原果浆）的最小可溶性固形物含量要求。表 8-5 列出了一部分单倍果汁的最小可溶性固形物含量要求。

表 8-4　鲜榨橙汁的营养成分

成分	含量	成分	含量
蛋白质/(g/100g)	0.58~1.29	钠/(mg/100g)	0.2~2.4
氨态氮/(g/100g)	0.029~0.07	硫/(mg/100g)	3.5~11.3
脂肪/(g/100g)	0.00~0.66	维生素 C/(mg/100g)	26~84
可溶性固形物/(g/100g)	8.1~17.7	甜菜碱/(mg/100g)	41~47
糖类(以转化糖计)/(g/100g)	6.23~14.3	生物素/(μg/100g)	0.1~0.37
还原糖/(g/100g)	2.25~8.83	β-胡萝卜素/(mg/100g)	0.23~0.28
白砂糖/(g/100g)	2.98~6.24	胆碱/(mg/100g)	7~15
总酸/(g/100g)	0.58~1.73	叶酸/(μg/100g)	3~7
苹果酸/(g/100g)	0.10~0.17	黄酮类/(mg/100g)	80~118
矿物质(以灰分计)/(g/100g)	0.27~0.70	肌醇/(mg/100g)	170~210
钙/(mg/100g)	6.30~29.4	烟酸/(mg/100g)	0.13~0.46
氯/(mg/100g)	3.60~13.2	泛酸/(mg/100g)	0.06~0.3
氟/(mg/100g)	0.11~0.19	维生素 B_6/(mg/100g)	0.023~0.094
铁/(mg/100g)	0.10~0.80	维生素 B_2/(mg/100g)	0.013~0.059
镁/(mg/100g)	9.80~17.1	维生素 B_1/(mg/100g)	0.057~0.106
磷/(mg/100g)	8.0~13.0	维生素 B_{12}/(μg/100g)	0.0011~0.0012
钾/(mg/100g)	116~265		

表 8-5　部分水果单倍果汁最小可溶性固形物含量要求

果蔬名称	最小可溶性固形物含量/Brix	果蔬名称	最小可溶性固形物含量/Brix
猕猴桃	8.0	无花果	18.0
菠萝	10.0	金橘	8.0
杨桃	7.5	草莓	6.3
木瓜	9.0	西番莲(百香果)	12.0
西瓜	8.0	沙棘	10.0
青柠	5.0	杨梅	6.0
柠檬	5.0	荔枝	11.2
卡曼橘	8.0	西印度针叶樱桃	8.0
西柚/葡萄柚	10.0	苹果	10.0
柑	11.2	海棠果	15.4
橘	10.0	桑葚	10.5
甜橙	10.0	香蕉	17.0

果蔬名称	最小可溶性固形物含量/Brix	果蔬名称	最小可溶性固形物含量/Brix
桃	9.0	黑莓	9.0
樱桃	8.0	蓝莓	10.0
番石榴	8.0	黑覆盆子	10.0
石榴	12.0	甘蔗	12.0
梨	10.0	接骨木莓	10.5
黑加仑	10.5	青梅	6.0

国标中同时还规定了最终饮料中添加果蔬汁（浆）后含量的计算方法：

$$P = WT_K / (1000 S_L T_d) \times 100\%$$

式中　P——终产品所需要的果蔬汁（浆）含量质量分数，%；

　　　W——饮料中浓缩果蔬汁（浆）的添加量，单位为克每升（g/L）；

　　　T_K——浓缩果蔬汁（浆）的可溶性固形物含量（以白利糖度计），Brix；

　　　S_L——终饮料产品的密度，单位为千克每升（kg/L）；

　　　T_d——单一果蔬汁（浆）的可溶性固形物含量（以白利糖度计），Brix。

然而，在实际产品开发过程中，我们常常在概念阶段就设定了要将最终的饮料开发成果汁含量为10%，或20%，或30%等的产品，因此我们在实际产品开发过程中，经常需要知道在最终饮料中要添加多少浓缩果汁，即需要知道 W 的值。

$$W = 1000 P S_L T_d / T_k \times 100\%$$

在果汁饮料产品的减糖方案开发中，需要考虑到最终饮料中的糖来源于两方面，一是产品配方中添加的糖（白砂糖、果葡糖浆或二者兼而有之），二是来源于浓缩果汁中的可溶糖类。最终饮料中的糖含量等于这两者相加。其他配料中也可能带来极少量的多糖类，比如稳定剂中的变性淀粉类，在开发低糖类果汁饮料中一定要考虑到这一点。下面以10%苹果汁为例介绍低糖苹果汁的开发技术。

传统的10%苹果汁配方如下：

白砂糖	10.267%
苹果浓缩汁	1.465%
柠檬酸	0.13%
苹果酸	0.03%
维生素 C	0.035%

柠檬酸钠	0.03%
果胶	0.02%
CMC FH9	0.03%
N-Lite Cl	0.05%
红色焦糖色素	适量
苹果香精	0.1%
水定容至	100%

在全糖配方中，总糖含量高达 11.36%，为了达到低糖食品的标准，需要将含糖量降低到 5% 以下，即需要取代 56% 以上的糖。由于降糖幅度非常大，这将对最终产品的口感产生显著的影响。考虑到三氯蔗糖的甜味强度较高，在本果汁饮料配方中，使用三氯蔗糖来替代糖类。由于三氯蔗糖替代的白砂糖较多，因此在饮料中必然会带来甜味延长感，而普通消费者一般不太喜欢这种延长感，可以使用甜味延长感掩盖香精对这种不愉快的延长感进行掩盖，从而使其甜味感觉更接近全糖产品。替代大部分糖后，最终饮料在口腔中的口感也会显著降低，可以通过口感香精来弥补。当糖类含量显著降低以后，可能对饮料的果汁味产生一定影响，比如果汁味下降，可以通过添加香精公司的果汁香精来改善饮料的果汁味。

白砂糖	3.81%
苹果浓缩汁	1.465%
柠檬酸	0.13%
苹果酸	0.02%
三氯蔗糖	0.0108%
维生素 C	0.035%
柠檬酸钠	0.03%
果胶	0.02%
CMC FH9	0.03%
N-Lite Cl	0.05%
红色焦糖色素	适量
苹果香精	0.1%
口感香精	0.05%
甜味延长感掩盖香精	0.08%

果汁香精	0.05％
水定容至	100％

最终饮料的杀菌条件为 95～105℃，杀菌 15～30s。主要杀菌对象为霉菌、酵母及耐酸菌。

8.2.5　低糖乳饮料的调香与调味技术

乳饮料按最终产品的 pH 值可分为两类：一类是中性乳饮料，另一类是酸性乳饮料。乳饮料的主要原料是乳品原料，如全脂奶粉、脱脂奶粉、鲜牛奶、奶油、乳清粉等，它们在最终饮料中经过均质后，其中的乳脂肪以脂肪球的形式分散在饮料中。由于乳脂肪的密度显著低于最终饮料的密度，因此乳脂肪在最终饮料中很容易上浮而在饮料瓶颈处形成白色的圆环。为了减少或减轻这种现象，解决办法之一是加入乳化稳定剂，在乳脂肪的外面形成一层界面膜并适当增加了饮料的黏度。这层界面膜有如下作用：一是增加了整个乳脂肪液滴的密度，二是形成界面膜后可以有效地阻止液滴间相互碰撞变大，三是使脂肪液滴带上了负电荷，使液滴之间相互排斥。解决办法之二是通过均质使粒径变小，从乳饮料的经验来看，取得一微米以下的粒径是较容易的。

乳饮料由于含有乳脂肪，食用香精在乳饮料和在一般的饮料中表现会有显著的差异。在一般的饮料中，所有的成分几乎都是水溶的，添加的香精成分在较低浓度下也几乎是水溶的。在这种饮料中，香精成分随水分一起挥发形成了 PET 瓶中的顶空部分，顶空部分的香气通过前鼻进入鼻腔所形成的香气风味感知，和通过品饮由口腔进入后鼻所形成的风味感知是几乎相同的。在乳饮料中，由于乳脂肪的存在，使得在最终的乳饮料中，既存在完全水溶的部分，又存在不溶于水的部分。一般而言，食用香精中的成分既有亲水的部分，又有亲脂的部分，因此，亲脂的香料大部分会进入乳脂肪而被乳脂肪所束缚，亲水的香料保留在水中并随水分挥发而形成了顶空部分。因此，乳饮料开瓶后闻到的香气主要是亲水的香料所形成的风味特征。当品尝乳饮料时，乳饮料进入口腔，除了水溶性的香料会通过口腔进入后鼻，乳脂肪中的亲油性的香料在温度的作用下挥发出来进入后鼻，二者一起在后鼻形成了对这种饮料的风味感知。这种感知和仅仅通过前鼻嗅闻饮料所形成的感知是不同的。一方面，由于乳脂肪的这种作用，通常乳饮料的食用香精添加量要显著大于普通饮料的添加量。另一方面，由于乳脂肪的这种作用，同一种食用香精在一般的饮料和乳饮料中表现会显著不同,在普通饮料中表现很好的香精在乳饮料中未必会表现好,反之亦然。

乳饮料的口感是另一个非常重要的影响消费者可接受性的因素。一般来说,滑爽的乳饮料口感总是深受消费者喜爱的,这种滑爽的口感主要与乳脂肪有关。通过均质和添加合适的乳化稳定剂可以取得这种滑爽的口感。值得一提的是,原料乳粉如全脂奶粉中的乳脂肪较易氧化而产生不新鲜的氧化味,这种氧化味会显著降低最终乳饮料的感官得分,因此在生产中要避免使用已经产生氧化风味的奶粉原料。

在开发低糖乳制品饮料时,要考虑到不同的乳原料中含有的碳水化合物,表8-6 列出了乳饮料中常用的全脂奶粉和脱脂奶粉的重要指标。

表 8-6　全脂奶粉和脱脂奶粉的指标比较

比较项目	脱脂奶粉	全脂奶粉
水分含量/%	4	2.80
蛋白质含量/%	33.40	28
脂肪含量/%	0.80	28
碳水化合物含量/%	54.10	36

下面介绍一款酸性草莓乳饮料的配方,供参考。

白砂糖	3.35%
全脂奶粉	2.00%
脱脂奶粉	1.50%
果胶	0.45%
CMC　FH9	0.05%
柠檬酸	0.16%
柠檬酸钠	0.03%
乳酸	调节 pH 至 4.0～4.2
阿斯巴甜	0.015%
安赛蜜	0.015%
三氯蔗糖	0.004%
草莓香精	0.15%
口感香精	0.08%
甜味香精	0.06%

去离子水定容至	100％

最终饮料的 pH 值在 4.0～4.2 之间，以更靠近 4.0 风味更佳。由于乳饮料的营养非常丰富，原料所带来的微生物也相对较高，更重要的是饮料的 pH 值也较高，因此最终饮料应采用超高温杀菌，主要杀菌对象是霉菌、酵母、耐酸菌。一般杀菌温度 115～135℃，时间 10～60s。有些饮料公司为了安全起见，还会在配方中添加一些乳酸链球菌素，以增强杀菌效果，抑制细菌芽孢的萌发。众所周知，pH4.5 是全球公认的食品安全临界 pH 值，当 pH 值低于 4.5 时，肉毒杆菌的芽孢受到抑制。然而，食品的 pH 值在生产过程及货架期内并非是一成不变的，可能会存在变动，尤其当配方设计不够科学时。酸性乳饮料由于在 pH4.0～4.2 时风味和稳定性最好，为了避免该 pH 值太过于靠近 4.5 并避免在货架期内 pH 值可能的变动造成的影响，建议将 pH 值调节尽可能接近 4.0，以避免在货架期内 pH 值的细微变动影响芽孢的萌发。当然，添加乳酸链球菌素是一个较好的辅助措施。

8.2.6　低糖烘焙及糖果类食品的调香与调味技术

烘焙及糖果类食品的特点是在加工过程中需要使用较高的温度，如饼干和面包的烘焙需要在 170～210℃的高温条件下烘焙 10～30min；硬糖需要在 135～145℃的高温条件下熬煮并加香，因此，用于烘焙及糖果类食品的食用香精必须具有较强的耐热性及留香性，否则香精可能在高温下分解或挥发损失。从目前的经验及实践来看，目前应用于高温烘焙及糖果的香精主要有以下两类：一是油溶性香精，这种香精使用油溶性的溶剂作为香料载体及定香剂，使最终的香精具有较强的耐热性；二是使用微胶囊香精，微胶囊香精的胶囊外壳将香精油紧紧地锁在胶囊内部，在受到外部因素的作用下才缓慢释放出其中的香精油。这两类香精都非常适合应用于烘焙及糖果类食品的调香，但油溶性香精的应用更加广泛，原因一是目前国内微胶囊香精技术并不普遍；二是颗粒状的微胶囊香精在加入食品中时，可能存在搅拌不均匀的现象；三是入口后二者的释放表现不一样；四是在入口前添加油溶性香精的食品也可以散发出愉悦的来自食用香精的风味，而微胶囊香精由于包埋了香精油，只有破坏了微胶囊结构才会释放出风味。

目前在烘焙类及糖果类食品中出现了降低食品中能量的趋势。为了替代掉这类食品中的白砂糖或糖浆，通常是使用糖醇类原料，如山梨糖醇、异麦芽糖醇、赤藓糖醇等，由于糖醇类一般比相同质量的白砂糖甜度低，为了弥补甜味的下降，可以考虑增加用量，或另外添加高倍甜味剂如甜菊糖苷、三氯蔗糖等。

烘焙类食品的一个特点是有些食品比较干，在口腔中的口感并不太好，比如有些饼干，如果在这类食品中添加适量的多汁香精，则可以显著改善这类食品在口腔中的口感。据研究，这种香精具有促进口腔分泌唾液的功能，从而改善这类食品在口腔中的口感。这类香精也可以应用于糖果类食品中，会让口腔感觉满口生津，显著改善糖果的得分。

在无糖的硬糖果中，使用异麦芽糖醇和水按 4∶1 的比例混合，边搅拌边加热至 160℃，至异麦芽糖醇完全溶解，然后降低温度到 110~120℃，再分别加入色素、酸和香精，快速搅匀后立刻将糖浆倒入糖果模具，包装后即得最终产品。在无糖明胶软糖中，将异麦芽糖醇、山梨醇和水按一定比例混合，加热，再加入已事先用水浸泡后的明胶，搅匀，再加入色素、香精和酸，混合均匀后倒入模具，即得明胶软糖。烘焙类食品由于通常需要添加面粉（如低筋粉、中筋粉、高筋粉）和糖，它们不仅赋予这类食品组织结构，而且对食品的口感、香气、滋味和色泽均起到非常重要的作用，并且它们在这类食品中占据了绝大部分比例，因此要开发成低糖或低能量型食品极具挑战性。

8.3 甜味及口感解决方案在低糖食品中的应用

如前所述，市场上的加工食品主要分为甜味食品和咸味食品，甜味食品中含有较高的碳水化合物。白砂糖是甜味食品中最广泛使用的碳水化合物配料，不仅能赋予食品令人愉悦的甜味，增强食品的嗜好性，而且对于食品的结构、口感、风味等也起到非常重要的作用。如果将白砂糖完全从这类食品中去除，可能会大大降低这类食品对消费者的吸引力。然而，现代研究表明在营养过剩的今天，食用过多的糖类会导致一系列疾病的发生。因此，在含糖较高的食品中实行减糖方案已经是势在必行。

在饮料尤其是酸性饮料中，糖和酸构成了饮料的基本"骨架"，营养素增强了饮料的饮用价值，而食用香精则在产品的可接受性上扮演了最重要的角色。在各种饮料产品中，尤以柑橘类饮料最受消费者的喜爱。一般来说，水果在成熟过程中，其体内的糖含量会逐渐增加，当水果达到一个最佳的成熟状态时，其风味最好，而此时水果体内的糖酸也达到一个最佳的"黄金比例"，这个黄金糖酸比赋予了水果愉悦的口感和丰富的香气。一般在水果类饮料开发时，都首先以模仿水果自然成熟时的黄金糖酸比来最佳体现食用香精的风味。在开发低糖食品时，第一种解决方案是保持目前的糖酸比值，但同时降低糖和酸的含量，最终的糖酸比值和降糖以前仍然相同。这种方案在一定范围之内还是可接受的。第二种方案是不降低酸的含量，只降低糖的含量，所降低的糖部分使用人工合成的甜味剂、天然甜味剂或"清洁标签"甜味解决方案来弥补。第三种方案是结合前面两种方案。常用的人工合成的甜味剂有三氯蔗糖、安赛蜜、阿斯巴甜等，它们的优点是甜味强度高，价格相对便宜，而且来源稳定，但在标签上相对不如天然甜味剂友好。天然甜味剂有甜菊糖苷、罗汉果提取物等，它们的显著优势是标签友好，甜味强度尚可，但价格相对较贵，在最终产品中的稳定性比人工甜味剂稍差（表 8-7）。各大香精公司则纷纷推出了自己的甜味解决方案，尤其是"清洁标签"解决方案，这种解决方案的最显著的优势是"清洁标签"，只需在标签上标注食用香精，而食用香精是绝大多数食品都会使用的食品添加剂，并且，在很多时候，只使用人工甜味剂或天然甜味剂还比较难以取得较为理想的解决方案，通过添加香精公司的"清洁标签"解决方案，可以充分发挥不同增甜剂的协同作用，减少甜味剂在饮料产品中的不愉悦的延长感，减少或消除甜味剂的苦涩味，弥补降糖以后产生的口感方面的下降，保持风味的饱满感和香气的冲击感。

表 8-7　常见甜味剂的相对甜度

甜味剂	相对甜度	甜味剂	相对甜度
白砂糖	1	甜菊糖苷	200~400
阿斯巴甜	200	索马甜	2000~3000
安赛蜜	150~250	葡萄糖	0.70~0.75
三氯蔗糖	600	山梨糖醇	0.70~0.75
HFCS42	0.75	木糖醇	0.70~0.80
HFCS55	0.80	麦芽糖醇	0.85~0.95
甜蜜素	30	赤藓糖醇	0.60~0.70
爱德万甜(Advantame)	20000	异麦芽酮糖醇	0.45~0.65
甘草酸铵	50	果糖	1.30
罗汉果提取物	150	甘露糖醇	0.57~0.72
新橙皮苷二氢查耳酮(NHDC)	1500~1800	麦芽糖	0.33
纽甜	8000	乳糖	0.17
糖精钠	300	乳糖醇	0.3~0.4

口感一般是指食物进入口腔以后，对口腔中的味觉神经刺激而引起的坚硬、柔软、顺滑、黏稠、丰富等感觉。对于全用白砂糖开发的食品而言，它的特点一是甜味起效快，进入口腔后很快就会产生令人愉悦的甜味；二是甜味纯正，没有苦味、涩味及其他异味；三是甜味持续度适中，没有不良的甜味延长感；四是全用白砂糖开发的产品尤其是饮料产品在口感上具有一定的黏稠感和饱满感，当在配方中将白砂糖的用量降低，并将降低的部分用甜味剂代替后，对二者进行比较，我们会发现用甜味剂部分取代白砂糖的饮料产品在口感上更加单薄，黏稠度更低，饱满感下降；五是用白砂糖开发的全糖产品一般来说能最佳地呈现出水果类和其他产品的风味，最终产品在香气强度、香气饱满度和口感方面均能很好地呈现出水果或其他香精的风味特征。

使用甜味剂取代一部分白砂糖（包括果葡糖浆）后，与全糖产品相比，食品产品可能会出现以下几方面的差异：

① 与全糖产品相比，最终产品口感变得单薄，感觉缺乏内容物。

② 与全糖产品相比，最终产品的甜味强度仍然不够。

③ 最终产品后味有不太愉悦的高倍甜味剂引起的延长感。

④ 最终产品在香气或口感方面有高倍甜味剂带来的异味。

⑤ 最终产品在后味方面有苦味、涩味。

⑥ 最终产品在起始甜度方面和全糖产品有显著差异。比如，使用安赛蜜和白砂糖在起始甜度方面较为类似，而甜菊糖苷、三氯蔗糖、纽甜等的甜味起效慢，刚入口时甜度低，略过几秒后才出现类似的甜味强度。

⑦ 最终产品虽然甜味强度较为接近，但在口腔内的甜味感觉有显著差异。

⑧ 最终产品的香气变弱，或某些香气特征如香气饱满度与全糖产品相比出现一定差异。

⑨ 最终产品的甜味在货架期内可能会有一定程度的衰减。

使用甜味剂除了可能会带来上述差异之外，另外在标签上需要根据相关食品或香料法规要求在配料表上进行标注，从长远的发展观点来看，"清洁标签"越来越受到重视。比如，有不少甜味剂产品在法规上既属于甜味剂，又属于香料，因此，这部分甜味剂可以通过香精公司做成食用香精的形式，那么在配料表上就可以减少标注，只需要标注为"食用香精"。

针对上述使用甜味剂可能会带来的问题以及针对"清洁标签"的解决方案，香精公司在这方面已经进行了多年的研究，并推出了各自的甜味与口感解决方案。这些甜味与口感解决方案能有效地提升降糖以后的甜度水平，提高起始甜度，降低或掩盖后味，掩盖苦涩味，改善产品的口感，改善产品的香气表现等。

食品和饮料公司如今也面临着越来越大的压力，一是消费者对健康越来越注重，他们希望所消费的食品饮料既美味又健康，不要带来过多的能量负担。因此，低糖食品正在成为一种趋势。二是消费者正变得越来越聪明，他们对食品标签的理解已经远远超越了以前的消费者，"清洁标签"成为另一种趋势。三是消费者的选择越来越多元化，他们对新产品的不断追求，正成为食品饮料公司不断创新的源泉和动力。这些发展趋势，使得食品与饮料开发人员必须非常熟练地使用各种甜味工具与口感解决方案。然而，甜味工具与口感解决方案有其特殊的一面，即对不同的应用对象，不同的基料组成等都需要根据具体要求去重新设计和评价，而不能简单地引用或照搬。比如，甜菊糖在一定浓度条件下的酸性饮料中表现较好，最终产品基本没有不悦的延长感，但在中性饮料中，相同浓度条件下就会产生强烈的不愉悦的延长感。设计出一个较为理想的解决方案其实是一个十分耗时的工作。在这方面，食品和饮料公司可以通过加强和香精公司以及甜味剂供应公司的合作，从而加快产品的研发速度，提高产品在甜味方面的满意度，改善产品在货架期内的稳定性，最终为市场开发出消费者满意的新产品。

9.1 低脂食品的概念及相关标准

9.1.1 低脂食品的概念

广义来说，低脂食品即低脂肪食品，是一种限制脂肪供给量的食品。低脂肪食品包括食物自身所含脂肪和烹调用油，通常低脂食物比普通食物的脂肪含量要低15%，低脂食品能降低脂肪的供给，被视为健康食品的一种新概念。

狭义来说，根据 GB 28050—2011《食品安全国家标准　预包装食品营养标签通则》，低脂食品要求是固态食品中脂肪含量≤3g/100g，液态食品中脂肪含量≤1.5g/100mL。

美国 FDA 有关定义规定：凡比同类常规食品所含脂肪减少 50% 以上，热量减少 1/3 以上的食品称为低脂食品。

9.1.2 低脂食品相关标准

GB 28050—2011《食品安全国家标准　预包装食品营养标签通则》对低脂食品中脂肪含量进行了规定。

GB 5009.6—2016《食品安全国家标准　食品中脂肪的测定》规定了食品中脂肪含量的测定方法。

索氏抽提法适用于水果、蔬菜及其制品、粮食及粮食制品、肉及肉制品、蛋及蛋制品、水产及其制品、焙烤食品、糖果等食品中游离态脂肪含量的测定；酸水解法适用于水果、蔬菜及其制品、粮食及粮食制品、肉及肉制品、蛋及蛋制品、水产及其制品、焙烤食品、糖果等食品中游离态脂肪及结合态脂肪总量的测定；碱水解法和盖勃法适用于乳及乳制品、婴幼儿配方食品中脂肪的测定。

GB 2760—2014《食品安全国家标准　食品添加剂使用标准》。

GB 30616—2014《食品安全国家标准　食品用香精》。

GB 14881—2013《食品安全国家标准　食品生产通用卫生规范》。

9.2 低脂食品的调香与调味技术

9.2.1 低脂食品的分类

低脂食品可分为：①低脂乳及乳制品，如低脂牛奶、低脂奶酪；②低脂冷冻饮品，如低脂冰激凌；③低脂坚果以及籽类等，如低脂芝麻酱、花生酱；④低脂可可制品、巧克力和巧克力制品，如低脂巧克力；⑤低脂焙烤食品，如低脂蛋糕、低脂饼干；⑥低脂肉制品，如低脂香肠、火腿；⑦低脂水产品，如低脂虾肉糜、鱼肉糜、低脂鱼粉；⑧低脂蛋制品，如低脂蛋黄酱；⑨低脂调味品，如低脂沙拉酱；⑩低脂饮料类，如低脂花生蛋白饮料、低脂松仁饮料；⑪低脂膨化食品，如低脂油炸薯片。

低脂食品大致可分为三大类：第一类是难度最低的，包括冰激凌和沙拉调料。第二类是以目前的技术水平还未能做到的完全摒弃脂肪含量的食品，其中包括蛋黄奶昔和人造奶油。第三类是难度最高，包括一些利用脂肪在高温下的独有功能的食品，包括油炸食品和各种肉类。

营养与食品专家将低脂食品分为如下几种类型。

（1）极低脂肪能量膳食　极低脂肪能量膳食通常仅由含脂肪量极低的饮料构成，每天允许摄入的最高能量为3334J；某些极低脂肪膳食容许摄取一餐或两餐的低脂肪能量的肉。

（2）素餐　由于素食者不食肉类产品，故素餐倾向于低脂、没有或极少摄入动物性食品。素食者可分为：①严格素食者，不食用一切动物性食品。②只食乳及蔬菜者，只食用乳制品及蔬菜，不食用其他动物性食品。③卵蛋素食者，只摄入乳制品和鸡蛋。④半素食者，食用部分动物性食品，但不吃红色肉、禽类和水产品。

（3）孕妇的低脂食品　孕妇在怀孕期间为适应胎儿发育的需要，对能量、蛋白质、几种维生素和矿物元素的需求量增加，其中以能量的需求量增加最为重要，其他营养素的摄入量依赖于足够能量的摄入。若怀孕期能量摄入不足，孕妇体重增加很小，并伴随着"小样儿"（出生体重低于 2.5kg）的高发病率。因此，低脂食品因不能提供足够的能量，可能会给孕妇带来不良影响。

（4）哺乳期妇女的低脂食品　哺乳期的低脂食品会影响母乳的分泌，所摄入脂肪的种类和数量以及可能获得的能量，也会极大地影响母乳中脂肪酸的成分及分泌量。母乳中含有婴儿生长发育所需的全部营养素，包括足量的水、脂质、蛋白质、碳水化合物、维生素和矿物元素，低脂食品对母乳中的维生素和脂质影响最大。母乳的维生素含量随着膳食摄取的变化而变化，特别是水溶性维生素。由于脂溶性维生素有相当数量的储备，所以受膳食摄入量直接影响较小。

母乳中脂肪含量为 3.0%～4.5%，来源于乳腺的合成、皮下脂肪的转移以及膳食脂肪的摄取。癸酸、月桂酸、肉豆蔻酸和棕榈酸可由乳腺合成，有些来自母体储脂；母乳中的其他脂肪酸来源于血浆甘油三酯，而母乳所含的亚油酸全部来自膳食，且母乳的亚油酸含量与乳母膳食中的亚油酸含量有关系，但其相关程度在不同个体间变化较大。

母乳中脂质含量随母体膳食组成的变化波动很小，即使在脂肪摄取量变化较大时也是如此。只有在乳母严重营养不良时，母乳脂肪含量才会有所降低。另外，乳母能量、脂肪和碳水化合物的摄入情况对母乳脂肪酸的组成也有一定影响。

关于矿物质的膳食摄入量与母乳矿物元素含量之间的相互关系尚不清楚，但与传统的西式膳食比较，低脂食品含有更多的维生素和矿物元素，有助于提高母乳中的维生素和矿物元素含量。但这一论断是以复合碳水化合物、水果、蔬菜和不含脂肪或低脂肪的蛋白质原料代替脂肪的食品为基础的。

（5）婴儿的低脂食品　婴儿单位体重对能量的需求是很大的，每千克体重的平均需要量为 370～500kJ，主要为婴儿的体重增加、生长发育及肢体活动提供能量。目前的推荐标准认为，婴儿从脂肪获取能量的最低限为 30%，最高限为 50%。

在母乳和配方食品中，脂肪能够提供总能量的 40%～50%，高含量脂肪对婴儿的快速发育十分有益。婴儿所食的流体食品容量有限，而单位体积脂肪所能提供的能量最多。尽管脂肪摄入量明显增加，实际上被婴儿吸收的数量仍有限，母乳中的脂肪明显较配方食品中的脂肪容易吸收。

与成年人相似，婴儿对亚油酸的需求量较少，占总能量的 2%～6%，母乳中亚油酸能量不到总能量的 1%，但未显示出必需脂肪酸的缺乏现象。亚麻酸和它的长链衍生物二十二碳六烯酸（DHA）对婴儿生长必不可少，特别在孕妇怀孕的最后 3 个月和婴儿出生后的最初 3 个月期间，DHA 和花生四烯酸（亚油酸衍生物）对婴儿的大脑和视网膜发育有着非常重要的作用。

母乳中含有满足婴儿生长发育的 DHA，而多数婴儿配方食品中不含 DHA 或含量很低。母乳喂养的婴儿，其血红细胞中的 DHA 含量较高；而用富含亚麻酸的配方食品喂养的婴儿，其血红细胞中的 DHA 含量较少。一些婴儿奶粉添加了 DHA 的前体物质——亚麻酸，但亚麻酸转化为 DHA 的数量有限。

（6）儿童与青少年的低脂食品　能量是影响儿童和青少年生长率的主要因素，缺乏足够能量的低脂食品不利于儿童和青少年的正常生长发育。儿童的身高和体重处在稳步增长期，食用低脂食品无法获得足够的能量，因而长得比较瘦小。进入青春期，青少年的身体生长速率明显加快，如果能量不足，将延迟或阻碍其快速生长发育。

9.2.2　低脂食品的时代背景

高脂膳食对中老年人保健十分不利，许多青少年也因体内脂肪积存过多而深受肥胖之苦，不仅有碍身心健康，还干扰了正常的工作、学习和生活。随着人类对自身健康的不断关注，低脂食品应运而生，并日益得到广大消费者的青睐，迅速成为领导未来食品发展的主流。食品界已选择低脂食品作为改善饮食习惯的途径之一。

9.2.3　降低脂肪含量的方法

对于大多数产品来说，直接脱脂是最方便的办法，简单易行，对产品质量无太大影响，尤其在乳制品行业十分成功。脱脂和半脱脂牛奶、乳制品的销量在欧洲大幅度增加，在美国已占牛奶销售量的一半以上。在许多情况下，减少或除去脂肪会使产品特性发生很大变化，例如减少奶油中脂肪的含量，就影响了奶油搅拌与感官上的特性，使物理稳定性受到影响。

9.2.4　低脂食品生产中的问题

作为食品的一个重要组成部分，脂肪有五大作用：①提供能量；②是脂肪酸的重要来源；③是脂溶性维生素的载体；④影响食品的物理特性，如外观、味道、口感、流变特性；⑤在加工过程中发生化学反应和保持微生物稳定性。

纯的食品脂肪几乎是无味的，然而它们除了作为风味化合物的前体做出的贡献外，还通过对口感（例如全脂牛奶的浓味，冰激凌的均匀性和奶油性）和存在的风味组分的挥发性以及阈值的影响改变了许多食品的整体风味。

对于食品的风味，脂肪主要有以下几个方面的作用。

① 脂肪是风味的主要来源，其风味主要来自许多不同的风味物质（包括脂肪酸、脂肪酸酯、内酯、羟基化合物和其他物质），这些风味物质结合在一起构成并增加了各种食品所特有的风味。

② 脂肪作为风味的前体物质，在食品的加工过程中，通过与食品中的蛋白质和其他原料的相互作用来提高风味。另外，脂肪参与新陈代谢的途径也导致了食品中有良好的风味产生。

③ 脂肪可以掩盖食品中的异味，所以，在富含脂肪的食品中，很难感觉到异味的存在，反之，由于脂肪含量的降低，导致异味化学物质在食品中的蒸气压增高，从而造成了异味的暴露。当然，如果脂肪被氧化也会产生异味。

④ 脂肪可以提高口感。油脂的熔点、油脂粒子大小、溶解性、乳化性及在口中形成的油膜的厚度均与口感有很大的关系。脂肪同风味物质的相互作用可以提供一个特殊的感觉平衡，例如，在奶油中，风味物质溶解到食品的水相和油相中，提供了一个风味的平衡。

⑤ 脂肪可作为风味的储藏库，大多数风味物质脂溶性多于水溶性，一般溶解在食品的油相中，在口中缓慢地释放，并赋予一个愉快的后味。降低食品中脂肪的含量就会影响风味物质分子挥发的速度和浓度，而且大量的风味物质也会随脂肪的脱去而流失，从而改变了食品的风味。

对风味物质来说，脂肪和水是主要的溶剂，蛋白质和碳水化合物或许也可以吸收、混合和结合一部分风味物质，但是它们不能作为溶剂，因此，这些风味物质在脂肪缺少时就很容易造成损失。

实验证明：在产品中脂肪的含量降低到 25％以下就会改变食品的风味，这时如果脂肪的含量再降低，食品的风味就会明显地受到影响，当食品中脱去的脂肪越多，风味的影响就越明显，这样就破坏了食品风味的平衡。

在生产低脂食品的过程中，最主要的难题其实并不是减少脂肪所占的比例。难的是在于脂肪减少后，在食品内部本来依靠脂肪形成的质构经常改变，肉制品的口味也会变得不再柔嫩多汁，焙烤制品会由本来的酥软变得坚硬，冰激凌等也同样如此。另一方面也会让一些让食品风味独特的脂溶性物质很难发挥其作用，让产品的味道变得不那么浓厚。

低脂冰激凌常常因脂肪量减少而导致口感、味道变差而不受人群欢迎。肉制品同样是因为含有较高的脂肪含量从而吃起来滑嫩多汁，还因而具有良好的弹性及切片性。高脂的肉制品在外观上看起来也更加占优势，不光体现在脂肪本来所具有的风味上，还能对其他香料的释放起到一个促进的作用。

由于脂溶性食用香料会随着咀嚼的过程逐渐发挥作用，脂肪能够通过减慢香料香味释放的速度，让肉制品的风味更优的同时香味更持久，脂肪的减少会失去这种缓释功能。一般而言，极大程度地消去脂肪会对食品特性产生很大影响，就如脱脂奶脱除脂肪会让牛奶的口感降低很多，少了纯牛奶所特有的醇香。而脂肪替代品的出现，让食品能够在减少脂肪含量的情况下依然拥有原本的味道、口感以及质构成为可能，适时地解决了这一难题。

9.2.5　脂肪替代品

广义的脂肪替代品是指加入低脂或无脂食品中，使它们与全脂同类食品具有相同或相近的感官效果的物质。脂肪替代品包括代脂肪和模拟脂肪。代脂肪主要是采用代谢途径有异、不会提供热量或引起肥胖的脂肪或脂肪衍生物，脂肪衍生物主要是通过长链脂肪酸部分聚酯化而得，如蔗糖聚酯。模拟脂肪也称脂肪模拟物，主要是采用其他能够提供脂肪在食品中所具有的风味和质构特性的配料，如蛋白质和碳水化合物等热量比脂肪低的物质。后者又可称为拟脂肪物质，是具备某些脂肪特性的非脂肪配料，这类非脂肪配料能模拟脂肪在维持质构和口感方面的部分功能。然而，脂肪替代品产生风味的机理不同于脂肪，在风味方面，很难真正代替脂肪，只能接近于脂肪的效果。

9.2.5.1 脂肪替代品的分类

针对目前种类繁多的脂肪替代品，可根据其是否含有脂肪及其主要成分进行分类。

（1）按是否含有脂肪分类　根据本身是否含有脂肪可分为无脂脂肪替代品和含脂脂肪替代品两类。含脂脂肪替代品包括脂肪增补剂和化学合成脂肪替代品。

狭义的脂肪替代品是指完全由蛋白质和碳水化合物等非脂物质组成，本身不含脂肪的替代品，用它们可以制成低脂甚至无脂食品。脂肪增补剂则是一些本身含有一定量脂肪的物质，如美国 Wesson 公司用大豆油、变性淀粉、琼脂等制成的一种水包油型乳化液，可在蛋黄酱、沙拉佐料、三明治浆汁等制品中以 1∶1 的比例取代大豆油，使产品中的脂肪含量降低。用脂肪增补剂生产的只是低脂产品而非无脂产品。还有一类用化学方法合成的脂肪替代品，如以中链甘油三酸酯为主要成分的脂肪替代品，它们本身是脂肪，却很少作为脂肪在体内储存。

（2）按主要成分分类　用于制作任何一种食品的脂肪替代品通常都是一系列物质的混合物。其中主要是代替脂肪产生一定外观和口感的质构剂，它们对脂肪替代品的效果起着决定性作用。根据它们的组成差异可将脂肪替代品分成四类：以蛋白质为基质的脂肪替代品、以碳水化合物为基质的脂肪替代品、以脂肪为基质的脂肪替代品及复合脂肪替代品等。

除质构剂外，脂肪替代品中往往还含有一些由调味料和风味物质组成的风味增强剂。如将乳脂肪与麦芽糊精一起喷雾干燥可得到一种脂肪香精，将它加入肉末、烤牛肉和鸡肉馅饼等食品中可产生脂肪的香味。

大多数质构剂本身没有什么味道，脂肪替代品的呈味取决于其中的调味料。但有时质构剂对呈味效果会有一定影响。如在以卡拉胶为基料时，食盐宜以包埋盐的形式加入，以免二者的作用互相牵制。

9.2.5.2 常用脂肪替代品

（1）以蛋白质为基质的脂肪替代品　以明胶、大豆蛋白及小麦蛋白等天然高分子蛋白质为原料，通过加热、微粒化、高剪切处理，改变其原有的水结合特性和乳化特性，提供的口感类似于水包油型乳化体系食品中的脂肪，可用来模拟这类食品配方中的脂肪，多用于乳制品、沙拉调味料、冷冻甜食等食品中。

　　例如，香肠中添加大豆蛋白＋卡拉胶（3∶1，质量比）脂肪模拟物后，肉制品的结构主要取决于模拟物的添加量，模拟物的增加显著（$p < 0.05$）降低黏度及咀嚼度，大豆蛋白量对产品的硬度起主导作用，且产品的含水率随脂肪含量的降低显著升高。除此之外，西班牙等欧洲国家的学者也先后开展了蛋白质基质模拟物对肉制品理化性质、微生物活性及感官影响等方面的研究，模拟物包括魔芋胶、角叉菜胶、非结晶纤维素凝胶、马铃薯淀粉＋刺槐豆胶＋角叉菜胶、魔芋胶＋橄榄油、柠檬酸盐＋羧甲基纤维素＋角叉菜胶等。结果认为，蛋白基模拟物可有效降低产品热量值及胆固醇，并抑制产品氧化的程度，提高持水能力以及增加产品硬度，较低水平的模拟量对产品感官性状的影响并不显著。

　　当然，蛋白质基质模拟物在应用上也存在局限性：它们不能用作烹饪油，其产品也不能油炸，这是由于高温会使蛋白质变性，从而失去模拟脂肪的功能。此外，蛋白质容易与一些风味成分发生化学反应，降低或使风味成分丧失，这些反应随所用的蛋白质和食品中其他成分的变化而变化。

　　（2）以碳水化合物为基质的脂肪替代品　这类脂肪替代品是指以碳水化合物为主要原料经物理或化学处理而制得的。目前这类模拟脂肪大致分为以下几种类型：淀粉型、纤维素型、半纤维素型、葡萄糖型和混合型，常用种类包括玉米糊精、果胶、麦芽糊精、改性淀粉、谷物纤维、葡萄糖聚合物等。有研究表明，碳水化合物中葡萄糖值（DE）对其模拟脂肪效果有关。

　　杨玉玲等利用籼米为基质，研究在低脂火腿肠替代脂肪对产品品质的影响，结果表明，DE 值为 2 的脂肪替代品完全可以替代高脂火腿肠中 50% 脂肪，产品的各项指标与高脂对照样基本一致，随 DE 值的升高，肉制品硬度、咀嚼性等指标下降，说明碳水化合物模拟效果与其 DE 值存在某种相关性。此外，作为碳水化合物中重要的成员之一，膳食纤维的不同存在形式也会对其模拟效果产生影响。由于水溶性膳食纤维所形成的网状结构有利于截留大量水分，因此水溶性膳食纤维含量较高的模拟物对肉制品的持水性、弹性等有更明显的改善作用，并且以水状液体体系的物理特性来模拟脂肪滑润的口感，能产生奶油状的润滑感和黏稠度。Galanakis 等研究了橄榄水溶性膳食纤维和水不溶性膳食纤维在肉丸中模拟脂肪的效果及其对品质（持水力）的影响。结果表明，持水力较强的水溶性膳食纤维与胡萝卜膳食纤维复合后模拟效果良好，不溶性膳食纤维的模拟效果则不明显。

　　（3）复合型脂肪替代品　复合型脂肪替代品是由不同基质来源物按照一定比例

结合在一起协同发挥脂肪替代作用的混合物。常见的组成物包括植物蛋白、植物胶、植物油脂、改性淀粉、膳食纤维等。国外的研究机构曾用大豆、变性淀粉、琼脂等研制出一种 O/W 型乳化液,用同等比例替代蛋黄酱、沙拉佐料、三明治浆汁等制品中的大豆油,产品脂肪含量可降低 67%。由于复合型脂代物的组成比例及种类更多样化,因此研究用哪几种替代品复合以及复合比例对其质构、风味、可接受度等的影响就成为复合型脂代物应用的关键问题。

张慧旻等研究了海藻酸钠和结冷胶作为脂肪替代品对低脂肉糜产品的蒸煮损失、保水性和硬度等方面影响,结果显示浓度大于 0.25% 的结冷胶单独作用于肉糜时,凝胶的蒸煮损失、保水性和硬度均显著降低($p < 0.05$)。浓度大于 0.5% 的海藻酸钠单独作用时,凝胶蒸煮损失和硬度显著降低,保水性显著增加($p < 0.05$)。复配后,结冷胶在低浓度(0.25%)时可协同海藻酸钠显著降低凝胶蒸煮损失($p < 0.05$),同时有效调控凝胶硬度。同时,复合型脂肪替代物的作用效果也与其本身的物性有关。宗瑜等用分离蛋白、复配亲水胶等研制新型低脂白羽鸡肉丸产品时发现,随着亲水胶的增加,产品的硬度增大,在亲水胶添加量 0.3% 时硬度达到最大值,随后降低。适量添加复配胶,可以起到胶黏、黏结原料颗粒的作用,提高制品的硬度,但是加入过量复配胶时既不能很好地黏结原料颗粒,也不能提高产品的硬度,反而影响原料固有物性的表现。用复合型脂代物可显著改善产品胆固醇及饱和脂肪酸含量,提高不饱和脂肪酸比例,且能有效稳定产品的 pH。

9.2.6 风味剂应用的发展

在低脂食品中应用一些特殊的风味剂,可提高产品风味的接受性,包括口感风味剂、脂肪风味剂、乳品风味剂、褐变风味剂和风味改良剂/增强剂。

口感风味剂是具有良好风味的化学物质的结合,它们可帮助推迟和延长风味的作用,被作为主要的风味添加剂,但这些风味物质的高浓度是令人不快的。在储藏期间它们有风味改变的倾向。如果在加工过程的早期添加,它们就会为整个风味系统提供一个良好的风味结合,这在低脂冰激凌中尤为重要;如果口感风味剂在加工后期添加,风味可能不能很好地结合。

脂肪风味剂是与脂肪相似的风味物质的混合物。目前,消费者对这种风味的反应倾向于一般,这是因为丁二酮和内酯在风味配方的应用中,即使以很低的量添加，也可以被感觉出来。

乳品风味剂（甜牛奶、奶油、冷凝牛奶和其他的风味）可以帮助修饰其他的风味。一方面，通过改变脱脂奶粉或所应用的牛奶的类型在基料中建立乳的风味是较好的，另一方面，在加工前期添加适当数量的酶处理的奶油可提供风味物质的前体，它们可以在低脂冰激凌中产生令人喜爱的焦糖风味。

褐变风味是风味工业用来定义焦糖、咸味奶油硬糖风味的术语，这些物质的风味非常强烈，通过在加工前期添加风味物质的结合物可得到更好的风味。

风味增强剂是在一种混合风味被平衡和修饰后添加。在甜味产品中，例如在冰激凌中，麦芽酚是可以帮助平衡和延长风味的一种风味增强剂。

单一的风味添加剂很难替代脂肪的作用，要考虑多种风味添加剂的结合使用。

9.2.7　食品调香和调味

9.2.7.1　食品调香

在食品新产品的研究开发中，香味的调整是关键环节之一。调香一般可归纳为以下两种情况。

（1）独特的香气，创新的滋味　这种情况没有原型样板，而是创造一种抽象的香型以赋予产品与众不同的形象。如具备多种水果复合香气而不突出任何一种的复合香精：北方水果系列（桃、杏、苹果和梨）、浆果系列（草莓、黑加仑等）、热带水果柑橘系（西番莲、西柚、柑橘、番木瓜等）、森林水果系列（具有木香、青香、花香、果香、蜂蜜甜香等）。

（2）有实物存在，有样品作参照　这种情况是自然界中有实物存在，如苹果、梨、草莓等水果，也可以用某种产品或某种香精样品来作为参照物。

以上两种状况要求调香师：①经过系统的嗅香训练、熟悉香原料的性质；②具有广泛的兴趣，有较强的感受认知能力；③具有灵活的技巧及运用各种关联香气的能力。

食品调香还应遵循一定的程序，如：①确定样品（实物、产品、香精），进行感觉评价，或确定香味轮廓；②把特征香味与香原料联系起来，描述、评价香味轮廓；③配制小样，修正调试小样品，并对香气进行修饰，以求最大限度接近样品或满足要求；④小样经成熟一定时间，加入已确定的食品基料中进行产品评香。

食品的调香是主观感觉与客观现象不断接近的循环过程，需要反复多次才能圆满完成从香精的配制到食品的产出这一大循环过程，过程中可借助一些先进的仪器进行定量定性分析，以缩小主观的偏差。

目前，在专业香精制造行业门类齐全、品种繁多、选择空间很大的情况下，食品工程师其实注重的应是香精的选择与应用，不言而喻食用香精的正确选择与应用对于食品生产可起到画龙点睛的作用。

9.2.7.2　食品香精的选择

食用香精的选择应遵循以下几点。

① 食品的理化性质决定所使用香精的性能，也就是说所选用的香精必须与该食品基料相溶，与该食品特定香气相称，并适应加工工艺的要求。

② 香精的选择还应注意其溶剂是否与食品原料起不良反应。

③ 香精的价位差主要是选用的香原料、溶剂不同引起的，不可只考虑价格而忽略其质量，还要考虑到交货期、供货量是否能满足生产安排。

9.2.7.3　食品香精香料在食品工业中的应用

根据各类食品生产的特性正确选择香精的同时，还应注意香精在应用中的正确使用方法。

（1）合适的添加时机与均匀性　香精、香料都有一定的挥发性，调香时又必须在物料中分散均匀，这就要求严格掌握好调香时的加入温度，不要在相对高温时加入，以防香精大量挥发，又不得过迟添加，以防分散不均匀。

（2）选择适当的添加方式　适当的添加方式，可避免香精的浪费，又能使得食品有一个完美的香味构成。如果汁饮料生产，可预先在所使用的果汁原料中加入一些油质香精，经圆熟后投入生产并添加水质香精，也可同时添加两种型号的水质香精互补香气；在饼干等烘焙类食品中，可将总量的 1‰ 左右的香精调制在面团中，其余部分在烘烤后喷涂在产品表面。

（3）要有正确的添加顺序　一般的香料、香精在碱性食品中不稳定，一些使用膨松剂的烘烤食品使用香料、香精时，要注意分别添加，以防止碱性物质与香料、香精发生反应影响食品的色、香、味，如香兰素与碳酸氢钠接触后会失去香味，变成红棕色。

多种香料、香精混合使用时，应先加香味较淡的，然后再加香味较浓的，乳化香精的添加应在工序最后等。

（4）掌握合适的添加量　食品生产中，香料、香精的用量要适当，添加量过少，固然影响效果，添加量过多，也会带来不良的效果，这就要求称量要准确。液体香精用重量法比用量杯、量筒计量要准确。只有通过反复的调香试验来调节，才能确定最适合的用量。

（5）糖酸比配合　在饮料生产中，只有糖酸比配合恰当，才能取得好的香味效果，如柠檬汽水中，酸味不够，即使应用高质量的柠檬香精也不会有良好的香味效果，果汁饮料的糖酸比应接近天然果品。当然最适宜的糖酸比应以消费者的口味为基础，这样才能充分发挥香精的香气和果汁的香味协调配合的风味效果。

（6）其他原料及水的质量　除香精外其他原料如糖、甜味剂的选择使用和水的处理质量也都会对食品的风味造成影响，故在实践中还应严格关注水的处理，优先使用达到应用标准的原料。

9.2.8　低脂食品调香与调味实例

9.2.8.1　低脂肉制品

美国食品药品监督管理局（FDA）和美国农业仪器安全与检测部（USDA-FSIS）将低脂肉制品定义为脂肪含量低于10%的肉制品。目前肉制品中脂肪含量为20%～30%。因此，低脂肉制品的核心问题：一方面是降低肉制品中脂肪的含量，另一方面是关注如何选择合适的脂肪替代物，使之用于低脂食品中维持高脂食品相似的感官性状，从而达到既降低了脂肪含量又弥补了口味的损失，同时又可起到预防疾病（如高血脂、肥胖）的目的。

脂肪不仅可以赋予肉制品独特的风味、优良的质地及良好的感官特性，而且是人体能量、必需脂肪酸的主要来源。目前使用高新技术或某些代脂物质是降低肉制品中脂肪含量的主要方法。

脂肪替代物可以模拟出类似脂肪的润滑细腻的口感，同时热量较低。但由于易在高温条件下变性或发生焦糖化反应，因此其使用有一定局限性。

（1）蛋白质类脂肪模拟物　多以大豆蛋白、明胶等天然高分子蛋白质作为原料制成。目前许多欧洲国家的学者对此类脂肪模拟物进行了深入的研究。Samara 等研究用不同添加量（0、25％、50％、75％）的水解胶原蛋白取代法兰克福香肠中猪肉背膘脂肪对香肠品质的影响。发现添加量越高，产品品质（包括持水性、烹饪后稳定性、质构）越好；当添加量为50％时与原高脂肪香肠各项参数基本相同。由此可以看出这类替代物可以在降低产品脂肪含量的同时不改变其原有品质，并且增加蛋白质含量。

（2）碳水化合物类脂肪模拟物　常见种类包括改性淀粉、麦芽糊精、葡萄糖聚合物等。许多学者也对这类脂肪模拟物进行了深入的研究。张根生等通过单因素及正交试验得出，马铃薯膳食纤维低脂猪肉丸的最佳配方（以瘦肉、肥肉和膳食纤维的总质量计）为：瘦肉70％、肥肉24％、膳食纤维6％、马铃薯淀粉16％、大豆分离蛋白2.5％、水30％。经过测定，使用这个方案生产出的产品脂肪含量由原来的20.28％降到12.30％，其他营养成分无明显变化，同时改善了肉丸的品质。Triki等用魔芋胶替换新鲜羊肉香肠中的脂肪时，发现可以将其脂肪含量减少53％～76％。这些研究结果得出，这类脂肪模拟物可以显著降低产品的脂肪含量，同时有些还可以改善产品的食用品质。

（3）复合型脂肪替代物　复合型脂肪替代物指按一定比例相结合，从而协同产生脂肪替代作用的混合物。常见的组成成分有植物油脂、改性淀粉、膳食纤维等。Salcedo等研究在储藏过程中魔芋胶和健康油（橄榄油、亚麻籽油、鱼油）的添加对法兰克福香肠的影响，发现可以明显增加香肠不饱和脂肪酸含量，同时降低动物脂肪含量，在低温条件下，这些成分能更好地发挥作用。曹莹莹等在研究不同添加量（0.5％～2.0％）的酪蛋白酸钠对低脂乳化肠食用品质的影响时，发现它有效减少了产品中的脂肪含量，同时改善了其保水性、质构等食用品质，并指出1.5％为最佳添加量。从这些研究可以看出一些复合型脂肪代替物能够改变产品中胆固醇和饱和脂肪酸含量，并且提高不饱和脂肪酸比例；一些可以降低产品脂肪含量，同时改善食用品质。

（4）低脂肉制品加工的高新技术

① 超高压技术　20世纪70年代人们发现高压技术可以应用于肉制品加工，并开始对超高压作用于肉品展开了研究。杨慧娟等运用响应面优化试验，得出在198.47MPa下，作用5.92min可最大程度地降低脂肪含量，将乳化香肠的脂肪质量分数降低到10％，同时滴水损失也降到了最低程度，可以最大限度地保证产品的品质。该试验得出高压技术可以降低肉制品脂肪含量，并为以后采用超高压技术

生产低脂肉制品提供了试验依据。

② 辐照技术　辐照技术从 20 世纪开始用于食品的灭菌保鲜，主要是利用电子束射线、X 射线和 γ 射线等射线的辐照能量。江昌保等研究了电子束和 γ 射线对牛肉火腿制品的影响，发现在辐照剂量为 0.6、1.8kGy 时，二者均可使试验样品的脂肪含量有所降低，且其他的辐照效应没有明显差异。

9.2.8.2　低脂花生酱

将花生低温榨油后的榨饼超微粉碎，得到脱脂花生粉。脱脂花生粉富含蛋白质、氨基酸、微量元素等成分。花生酱具有细腻的口感、浓郁的花生风味及良好的加工性能，既可作为中、西餐食品的涂抹料，也可作为烹调用调味品、糕点馅料，市场需求量很大。传统花生酱由脱红衣花生仁制成，脂肪含量较高，在 35% 左右。以脱脂花生粉为原料，研制出营养丰富的脱脂花生酱，降低了花生酱油脂含量，提高了花生酱的蛋白质含量，保持了传统花生酱的品质。

（1）工艺流程

```
                蔗糖、食盐、水
                      ↓
脱脂花生粉 → 焙烤 → 搅拌 → 花生糊 ┐
                                  ├→花生酱体→乳化→冷却→包装→后熟
    花生香精、花生油、单甘酯 ┘
```

（2）操作要点

① 预处理　将花生粉置于恒温干燥箱内烘烤，不断翻动，防止因局部受热、温度过高引起焦煳。烘烤后立即风冷，避免花生粉焦煳，颜色变深。

② 调味　用蔗糖、精制食盐调节花生酱的甜度和咸度。将蔗糖、精制食盐按比例溶解于水中，调和花生粉成糊状。

③ 调香　将花生香精、单甘酯溶解于花生油中，搅拌均匀。

④ 混合酱体　将调制好的花生粉糊体与调配好的花生油混合，制成花生酱体。

⑤ 水浴乳化　将花生酱体于 75℃水浴中保温 35min，不断搅拌。

⑥ 冷却、包装　水浴乳化后的酱体处于不稳定的高能量状态，一方面，酱体温度高、黏度低，分子间剧烈的运动极易破坏尚未完全稳定的乳化网状结构；另一方面，由于成品颗粒粒径小、表面能大，颗粒相互聚集的趋势大，分子的剧烈运动以及颗粒的聚集将使油脂离析出来。因此，必须快速冷却。本文在不断搅拌下强风

冷却，至酱体温度达到 50℃以下再进行包装。

⑦ 后熟　将包装好的花生酱室温静置 48h 以上，固定花生酱乳化体中的网络状结构。避免对产品的碰撞、频繁搬动或振动。

以低温冷榨花生粉为原料，制作低脂花生酱，重点研究了低脂花生酱制作工艺，包括水料比、烘烤方式、烘烤时间、烘烤温度、稳定剂种类和用量对成品花生酱状态及口感等的影响。

将脱脂花生粉在 160℃烘烤 40min，加入 2.5 倍水，加入 1‰单甘酯稳定剂，再辅以适量的食盐、糖等调味料及香精，可制成风味、色泽、质地、口感均佳的低脂花生酱。它既可以作为食品加工原料，也可以直接佐餐食用。

9.2.8.3　低脂乳制品

低脂（脱脂）乳的风味较清淡，口感单薄一方面是因为脱去了脂肪呈味物质，另一方面是因为脱去脂肪后乳中的固体含量低于全脂乳，因此，改善低脂（脱脂）乳风味可以从以下两个方面着手：

① 从改进工艺方面着手，将全脂乳在杀菌工艺后增加闪蒸过程，在很短的时间内蒸发一部分水分，提高乳中固体含量，从而增加低脂（脱脂）乳的乳香和丰富的口感。

② 利用脂肪代替物，通过添加 1‰复合乳化剂和 1.5‰的变性淀粉可以改进低脂（脱脂）乳风味和口感。

低脂干酪因为全部或部分减少干酪中的脂肪影响干酪的风味，目前生产低脂干酪的方法主要有三种：生产工艺的改进（增加凝乳酶含量，降低热烫温度等），添加附属发酵剂和添加脂肪代替物。其中前两种方法对干酪制品的调香和调味都存在缺陷，添加发酵剂甚至对其制品的质地产生不良影响，脂肪替代品包括以脂肪为基质的油脂和合成大分子，能够一定程度地模拟脂肪的口感和风味。

第十章
清真食品的调香与调味

10.1　清真食品的特点及相关标准

10.1.1　清真食品的特点

10.1.1.1　清真食品概述

清真（Halal），"Halal"音译过来即"哈俩里"，阿拉伯语原意为"合法的"，意思是符合伊斯兰教教义规定"合法的或允许的"。"清真"一词为中国穆斯林专用，阿拉伯语中没有这一词汇。在伊斯兰国家不存在非清真的问题，故此其饭馆、摊点没有相关的清真标识。但在非伊斯兰国家，清真食品、餐饮及清真食品的外包装等都统一以"HALAL"标注。

清真食品（Halal Food），即符合伊斯兰教"Halal"标准的食品，指按照穆斯林"四专"等饮食习惯，屠宰、加工、制作的符合清真要求的饮食、副食品、食品。

此外，生产、销售清真食品的专用运输车辆、专用计量器具、储藏容器和加工（储存、销售）的专用场地应当保证专用，不得运送、称量、存放清真禁忌食品或者物品。

10.1.1.2　中国清真饮食的特点

清真饮食是信仰伊斯兰教的穆斯林群众民族文化内涵的重要表现，以饮食唯良、必慎必择、严格卫生、讲究营养和注重保健而自成体系，是世界饮食文化宝库中的瑰宝。既包括传统食品及烹饪技术，又涵盖现代工业食品与现代食品加工技术。如今清真食品已形成了较大的覆盖面，并以其独特的风格越来越受到人们的喜爱。清真饮食的特点主要有以下几方面。

（1）历史悠久　我国清真饮食的起源，与伊斯兰教传入中国是同步的，起始于唐宋，元明清时期得到了进一步的发展，形成了较大的规模，为以后清真食品的发展奠定了基础。

（2）严格的禁忌性　清真饮食最大的特点是禁忌性。在伊斯兰饮食文化中，首先关注的是吃的对象问题，伊斯兰教规定有些食品可以食用，有些食品不能食用，有严格的禁忌。

（3）吸纳的兼容性　清真饮食的兼容性，是指清真饮食在长期的形成和发展中受到其他民族饮食烹调制作方法的影响，吸收并不断改进变通，逐渐形成自己独具特色的清真饮食。

（4）品种的多样性　清真饮食品种多样，五花八门，丰富多彩，有面食类、甜食类、肉食类、凉粉类、流食类等；从味道上讲，有甜、香、咸、辣、酸；从质地上讲，有软、硬、酥、黏、脆；从烹调技术上讲，有蒸、炸、煮、烙、烤、煎、炒、烩、熬、熏；从颜色上看，有白、黄、红、绿等。

10.1.2　清真食品的相关认证

10.1.2.1　清真食品认证机构

（1）全球清真食品认证现状　目前，全球认可的清真机构超过 200 个，权威的清真认证机构如下：国际清真统一联盟（International Halal Integrity Alliance，IHI）、美国清真食品和营养委员会（The Islamic Food and Nutrition Council of American，IFNCA）、马来西亚伊斯兰发展署（Department of Islamic Development Malaysia，JAKIM）、清真饲料和食品检验局（Halal Feed and Food Inspection Authority，HFFIA）、新加坡伊斯兰宗教理事会（Majils Ugama Islam Singapura，MUIS）、菲律宾伊斯兰宣教理事会（Islamic Da'wah Council of the Philippines，IDCP）。全球没有统一的清真认证标准，多数国家认为清真是宗教问题，不予以干涉。清真认证主要由一些协会、联盟、社团执行，大多是由政府进行监管，不健全的清真认证体系导致了清真食品生产加工及贸易来往中存在严重的问题，如产品没有统一清真标识等。

（2）中国清真食品认证　目前，我国尚无统一的清真食品认证机构及认证标准，与许多穆斯林国家标准互认较难，许多中国的清真食品品牌及清真食品无法进入国际市场。2009 年，宁夏回族自治区（简称宁夏）清真食品国际贸易认证中心成立，并在当年指定了全国清真食品地方标准《宁夏回族自治区清真食品认证通则》。2012 年，宁夏、陕西、甘肃、青海、云南、黑龙江六省区就清真食品产业标准认证达成共识，并共同建立清真食品认证联盟标准。

目前，中国的主要清真认证机构主要有民族宗教事务部分（经营许可制度）、中国伊斯兰协会体系（监制）、中国民族贸易促进会清真经贸工作委员会、宁夏回族自治区清真食品国际贸易认证中心等。

10.1.2.2　清真食品认证的重要性

在我国，清真食品是一些少数民族的饮食风俗习惯，食品企业可以选择性申请清真认证，为穆斯林提供食品。目前，我国有的地方制定了清真食品管理的地方性法规或政府规章，有的地方在其他地方性法规中对清真食品的生产经营活动有专门的条款进行规范，对于进一步规范清真食品生产经营和维护有清真饮食习惯群众的合法权益提供了保障。而在伊斯兰教国家，所有食品企业必须通过清真认证。只有取得清真认证的食品，才能在伊斯兰国家销售。所以出口到这些国家的食品企业，就必须申请清真认证。

10.2　清真食品的调香与调味技术

风味物质是现代食品中最复杂的成分之一，它们是由大量不同来源的原料形成的。需要注意的是，90％以上用于香精香料生产的原材料对成品的清真状态没有任何影响，因为它们的来源要么是合成物，要么是可接受的植物源。

香精产品有多种不同的形式，从由几种液体成分组合的简单混合物到可能包括先进的封装技术高度工艺化的"风味系统"。任何特定的香精材料所采取的形式都是由几个因素决定的，很大程度上取决于食品性质的影响，例如，碳酸软饮料和早餐谷类食品可能有极其不同的要求，包括溶解度和热稳定性及与其他食品原料的相容性等。壳体寿命、是否易于搬运和使用成本是其他影响因素，这些因素可能决定了香精产品的分配和使用形式。

为满足产品质量和监管要求，香精产品生产中使用的原料必须仔细检查，以确保生产商能够持续地生产和适当地销售他们的产品。例如，要满足客户对自然或有机状态的要求，必须了解产品配方中的每一种原料的信息，大量的未经认证的成分都会影响成品的状态。所以需要查明和跟踪每一种原料的不同信息，然后将任何单独成分的清真状态作为一个常规过程加以跟踪。

那么，人们如何评估含有数十种成分的产品的清真状态是否合规？答案是密切关注那些具有最高风险的材料。香精清真规则可概括为四项原则。

① 动物产品必须是清真的（蜂蜜、乳制品），或者来自根据伊斯兰法律中可接受的宰杀物种。蔬菜材料是清真的，如果包括动物来源的遗传物质除外。

② 酒精可以在清真食品中少量添加，一般要求成品的酒精含量控制在 0.5％以内。酒精只能来自化工厂的食品级酒精，不能来自酒厂。

③ 发酵剂，包括微生物和酵素，必须根据清真原理来衍生和维持，也就是要监测起源和基因修饰，并且要求生长培养基不含非清真成分或添加剂。

④ 必须管理生产设备和环境，以防止清真产品受到任何非法材料污染。

以上原则中的前三项可以通过对采购和配方信息的控制得到充分的管理。从供应商那里收集有关原料来源、清真认证和其他方面的数据，可以自动筛选产品配方中不符合要求的成分，比如基因改造或制造细节的具体情况。

对生产环境的监测通常需要建立和执行生产程序，以确保清真风味的完整性。

这些原则的最后一个推论是，任何与原料或成品的清真状态有关的灰色地带或问题只能通过主管清真当局的决定才能解决。

在制造清真产品的承诺或程序上出现的失误，会导致其他领域的合规问题，其本身就足以严重损害一个品牌。在清真食品领域，如果不能引起对程序设计和维护必要资源的注意，放弃商业机会比冒险不遵守规定要明智得多。以下是多年来积累的在许多不同的环境中管理清真香精制造方面的信息。

10.2.1 简单混合物

10.2.1.1 浓缩液体香精

最常见的调味材料是浓缩液体香精，引起这种情况的原因有很多，包括大大简化的处理和制造过程，现成的液态原料，较低的航运和使用成本等。浓缩液体香精的清真状态与所有其他风味制剂一样，不仅取决于配方中所用原料的状况，还取决于其他方面，特别是用于制造、处理和储存它们的生产设备。

浓缩液体香精与清真有关的基本简化特性是，制造配方可直接用于确定原料的状态。也就是说，在大多数情况下，成品是原料的简单混合物，在通常情况下，原料之间的相互作用会影响清真状态。此外，经认证为清真的液体风味配方本身也可用作任何数量的香料（几乎任何形式）的成分，它的清真状态可以通过证书来验证，而不用对配方中的每一种原材料进行审查。

10.2.1.2　稀释

稀释后的浓缩液体香精提供了一个可以证明浓缩香精的价值的例子。要确定稀释的清真状态，只需提供浓缩形式的证书，并确保稀释溶剂在认证机构认为合适的水平上用于清真产品。甘油是一种常用的稀释剂，可以从动物脂肪中获取，可以合成，但是天然的植物来源的甘油也有很广泛的应用，其价格也相对便宜。同样，从原料和溶剂供应商那里收集和验证信息对于确保清真制剂的完整性至关重要。

10.2.1.3　萃取

萃取是一种广泛应用的技术，通过用溶剂处理原料，选择性地从更复杂的（通常是天然产品）基质中得到特定的活性或理想的调味品成分。清真的主要考虑因素是基质的组成和清真状态以及萃取溶剂。

10.2.1.4　反应香料

依靠两种或两种以上原料之间的化学反应来提供所需风味特征的香料制剂代表了另一种复杂程度，因为成品的成分与任何原料都是不同的。评估这些产品的清真可接受性的关键还是检查它们的配方。下面是这类香料制剂的两个例子。

（1）美拉德反应　这个术语描述了一个复杂的反应链，是氨基酸和还原糖分子之间的反应。在清真可接受性方面，除了配方中的其他成分外，重点还将放在反应中使用的氨基酸的来源上。美拉德反应通常可以用来产生"美味"或"肉味"风味。动物来源的氨基酸可以参与蔬菜、谷类食品或烘焙香料的生产，同样的，许多"肉"味也可以用严格地从蔬菜中提取的氨基酸来制造。

（2）酯化　这一反应涉及由有机酸与乙醇控制生成酯化合物的过程。清真的主要关注点是乙醇的来源。必须指出，酯化反应是可逆的，在适当的条件下，酯可以分解为醇和酸。因此对于标注不含乙醇的产品，可能会含有少量可测量的乙醇。

10.2.2　香精制造系统

为了满足食品生产者和消费者的特殊需要，香精制造商将以新的想法和技术应用作出反应。在评估所使用材料是否符合清真食品的要求时，可能会遇到需要特别考虑的新的或不寻常的成分。通常，制造一些功能性风味产品需要复杂而昂贵的生产设备，并且应遵循严格的隔离政策，以避免无意中污染清真专用机械。

10.2.2.1　喷雾干燥香精

喷雾干燥是一种成熟的技术，用于干燥液体风味物质，使之形成固体基质。喷雾干燥设备通常意味着很大的投资，在充分利用设备的想法的驱使下，制造商可能在用于清真生产的同一设备上运行非清真配方。一般来说，对生产不同产品的操作程序采取适当的清洁步骤（由清真认证者确定）就不会出现问题。在大多数情况下，制造商的内部质量要求足以解决清真问题。值得注意的是如果使用任何来源于猪的材料；或者设备已经被用来加工猪肉或其衍生物，即使经过仔细验证的清洁程序也不足以维持设备的清真可接受性。如果发生意外污染，清真认证人可能会建议采取一些非常措施来修复设备；但是会有大量的停机时间和费用，因此应当通过仔细的生产规划和与认证机构的密切协商来尽量减少这种情况的发生。

10.2.2.2　乳化

乳化是采用水相和油相的高剪切混合，实现小颗粒在另一相中的完全悬浮。许多常见的乳化剂，如失水山梨醇脂肪酸酯或甘油等这些材料可以部分或全部来自动物，需要对它们的来源进行适当的验证，以便对所使用的产品进行清真认证。

10.2.2.3　其他封装技术和风味传递系统

消费产品的快速发展推动了风味技术的创新，导致使用新的成分、材料以及加工设备或步骤来赋予产品新的特性。制造设备本身不会对清真状态构成风险，除非它可能受到"脏物"（主要是猪肉）的污染。与风味系统创新领域中的组分有关的内容可扩大到生物技术的使用方面，后面将对此作更全面的论述。

10.2.2.4　合成化学品

合成化学品通常属于清真中低风险类别的，因为大多数合成材料都是来源于石油，因此是清真物质。涉及生物技术或酶活性的生产步骤将由认证机构审查，以确保与清真规则保持一致。

10.2.2.5　油树脂和精油

这些材料来源于蔬菜，本身不具有危险性，但是，应注意在提取过程中使用的溶剂以及材料中的残留量。还应评估涉及发酵或酶活性的加工步骤，以确保所有组分均符合清真标准。

10.2.2.6　果汁和浓缩汁

这些材料是最常见的天然香料成分，本质上是清真的，除非被污染或自然产生的乙醇浓缩到较高水平。其使用的稳定剂或乳化剂等添加剂应受到认证机构的审查。

10.2.2.7　糖和淀粉

糖加工中最常见的问题是通过牛或猪的骨炭进行过滤。如果骨炭来源于猪，则不允许在经清真认证的产品中使用。淀粉可能来自玉米、马铃薯、木薯、水稻、小麦或其他谷物。改性食品淀粉被认为是清真食品，但改性过程应由认证机构记录和批准（因为它可能涉及酶的处理）。改性淀粉在制造技术中起着很大的作用，因为它们在封装中应用广泛，在成品消费品中也非常有用。

10.2.2.8　氨基酸

氨基酸广泛应用于调味料的生产，尤其是鲜味的增强和促进剂。除少数情况外，氨基酸是来自蛋白质的组成单体。氨基酸可以通过水解天然蛋白质来提取，这一过程可以借助酶，也可以不借助于酶。当然，蛋白质在自然界中无处不在，任何氨基酸的生物来源都是决定其清真状态的关键。清真食品中不允许出现来自猪肉或其他非法动物的氨基酸，这一禁令也适用于转基因和其他生物衍生的成分。

特别值得一提的是，L-半胱氨酸可以从人的头发、动物的羽毛或合成物中提取。人类头发中的半胱氨酸是禁止在清真食物中使用的，但如果羽毛材料来源于经过适当宰杀的清真动物，则是可以接受的，如果是合成的或发酵的，也可以被视为清真，只要所有的步骤和成分被公认的清真认证机构认为是适当的即可。

10.2.2.9 脂肪和脂肪酸

由于其感官和物理特性，脂类，包括脂肪、脂肪酸、蜡和甾醇等，在香料中被广泛使用。在香料包封体系中，卵磷脂和甘油酯混合物等脂类化合物常被用来稳定体系和帮助风味成分的保留。除了合成的原料外，这些成分大部分都可以作为天然材料从植物和动物中获得。这类材料的动物来源将受到怀疑，因此必须经认证机构审查，才能在成品中被接受。

10.2.3 清真特别关注的领域

10.2.3.1 生物工艺学

在风味物质生产方面，生物技术正越来越多地被用于实现新的性能和新的材料的生产。在这一过程中，应评估微生物来源的材料，以确保其生长和培养基以及来源环境是清真可接受的。转基因生物的成分也将受到认证机构的审查，以确保达到清真标准。在没有先例，或清真情形受到广泛质疑的情况下，建议食品和风味制造商寻求其他来源，否则将在清真认证方面面临挑战和拖延。

（1）酶　酶是由生物系统产生的蛋白质，具有催化特定化学反应的特点。它们可从活体组织中提取，用于食品或风味制造过程等。例如，奶酪是用凝乳酶制成的，这种酶最初是从反刍动物的消化系统中提取出来的，它能使牛奶凝结成凝乳。不过只有经过适当宰杀的清真动物或非动物的凝乳酶才可以用来制造清真乳制品。使用过程中应该彻底记录这些蛋白质的基因来源，以供清真认证机构审查，确保可接受性。微生物来源的酶必须与微生物本身一样，同样满足载体、生长介质、营养等方面的标准。

（2）发酵　当发酵产物被用于调味品时，其中重要的因素是微生物的来源和发酵体系中的其他成分，来源不干净的细菌或真菌被认为是非法的，从被禁止的动物（如猪）中提取的酶也是非法的。有时可能有特殊情况发生，例如在醋的生产中，细菌被用来在二次发酵过程中将乙醇（底物）转化为乙酸。出现这些情况时，应与有经验的核证当局密切协商，共同处理这些罕见的案件。要确定发酵产品的清真状态，通常需要向清真认证者全面披露每一个过程步骤的来源和成分，包括转基因材料的来源，以及任何成分、底物、试剂、营养物或用于产生、繁殖或提取活性酶或有机体的其他添加剂。与生产含酒精饮料有关的发酵过程不被视为清真，同样，清真食品和香料也禁止添加此类加工的副产品。

（3）转基因生物（GMO）　转基因生物的可接受性通常是一个很有争议的话题，在清真食品方面也不例外。值得注意的是，GMO状态应该是原材料的数据收集点，如果清真认证机构提出要求，则必须提供这些信息。

10.2.3.2　动物衍生材料

动物材料可以通过多种方式引入香料中。加工助剂、生产方法，甚至发酵中的培养基，每一种都可能有助于在原料中"隐藏"动物成分。如果成分中存在任何动物衍生物，则在被纳入清真认证产品之前，清真认证机构必须证明它们是可以接受的。良好的保存记录和质量计划将有助于含有动物副产品的原材料的确定。重要的是，如果一种味道需要使用肉类或家禽产品，那么该动物需要按照伊斯兰教的要求屠杀。屠宰记录或经验证的清真证书必须由风味制造商保存，并在用于清真生产之前经认证机构批准。

10.2.3.3　乙醇

酒精饮料中的乙醇在任何水平上都是严禁的。如果想要乙醇在任何程度上都是允许的，它必须在原料中自然存在或作为"工业"乙醇生产（不是专门用于饮料生产）过程的一部分。在调味品中使用工业乙醇时，因为乙醇没有清真认证证书，清真认证者通常会根据其来源来确定其状态，天然产生的乙醇通常存在于含有糖的天然物质的衍生物或副产品中，如橙汁。

在某些生产过程中，为了提高效率和达到管理的目的，乙醇是必要的。它具有多种功能应用，可用于萃取，作为加工助剂、香料载体、溶剂，甚至作为消毒剂。乙醇的这些应用被是允许的，只要成品香料中乙醇的总量不超过0.5%。全球大多数认证机构一致认为，这一水平是调味原料的最大可接受程度。最终的消费产品将有一个更低的可接受水平，这取决于清真认证者对最终产品的要求。

10.2.3.4 工序

生产清真香料相关的限制是最小的，并且只要良好的质量保证计划实施到位，在生产设施方面的管理就会相对容易。清真计划会审查整个价值链，从收到的原材料，到储存和制造，设备清洁程序，最后到标签和运输。同时清真要求可以整合到HACCP、GMP 或食品安全计划中，或者至少可以利用这些程序中使用的过程和信息。以下准则构成清真制造计划的基础：

① 成品不得含有任何禁止的动物衍生物或其他非法材料。

② 不得使用伊斯兰法律认为是非法的器具或设备准备、加工或制造成品。

③ 在准备、加工和储存过程中，成品不应与非法产品接触。

10.2.3.5 原材料审查

原材料审查的一个关键点是确定是否有任何猪肉被用于制造/提取/获取原材料。由于使用猪肉原料可能会带来代价高昂的错误，因此筛选原材料供应商是清真计划的一个重要组成部分。如果在任何原材料中都有猪的衍生物，那么这些信息必须清楚地为制造人员所知，并且这些产品必须被严格隔离和小心使用。任何与猪肉原料接触的容器、测量仪器或设备都不能用于生产清真香料。这种严格的隔离包括接收、质量控制评估和储存。

10.2.3.6 设备隔离

生产设施内的所有设备和容器应有是否可以接触猪肉的区分，这是一个重要的区分，物料可以是非清真的，但不能是猪肉衍生的，使用猪肉后的清理比其他非法原料更严格。显然，标签材料表明是否是猪肉衍生物（无论是通过颜色编码或其他方式）将有助于适当的资源管理。

10.2.3.7 交叉污染和 HACCP 控制

正确的交叉污染协议对于确保无猪肉设备的完整性至关重要。如果遵循和验证良好作业规范（GMP），根据清真原则，该设施将处于良好的制造地位是合理的。危害分析关键控制点（HACCP）框架是一个过程控制系统，它识别食品生产过程中可能发生危险的地方，并采取严格的行动，所以必须采取这一措施，以防止可识别的危险发生。通过在过程的每一步严格监测和控制已确定的控制点，减少了发生危险的机会。在 HACCP 计划中，过敏原交叉污染被认为是一种化学危害，可以通过适当的设备清洗加以控制。如果以类似的方式处理猪肉，则应充分控制食品受污染的风险以达到清真认证的目的。

10.2.3.8 清洗和储存

在制造过程中使用的清洁方法也必须符合清真标准。如果使用乙醇作为清洗剂，任何痕迹都必须清除，或者必须在产品中的乙醇最终计算中加以说明。清洁剂也应进行审查，以确保它们的来源（小心刷子上的猪鬃）是可以接受的。按照 GMP 方法在每一次生产运行后进行清洗，将足以重新认证用于生产香料的设备，这些设备可能含有猪肉以外的某些非清真产品。这些清洁标准需要扩展到整个生产过程，它们要符合 GMP 标准，并且不受昆虫和其他害虫的侵害。

清真认证的口味是消费品生产中不可缺少的一部分。由于香料可以多种方式加工，并在其生产中包含大量成分，清真认证为食品制造商（最终是消费者）提供了的保证，食物中的所有成分都适合那些遵循清真饮食的人。实施和遵循清真计划是一个只要了解几个简单的清真原则，与认证机构建立密切的工作关系就能取得成功的简单的过程。

第十一章

食用香精香料的安全与鉴伪

11.1 食用香精香料的安全性评价现状及发展趋势

食用香精香料在食品的生产和消费领域有着十分重要的作用，但是其安全性研究因受多种因素影响而不够完善。随着人民生活水平的提高以及对食品安全的日益重视，香精香料安全性评价的重要性日益凸显。本文对食用香精香料特点、安全性问题以及国内外安全性研究现状进行介绍，提出目前安全性评价所面临的主要问题，并对今后的研究进行展望。

食品的风味在消费者购买和消费食品时起着非常重要的作用。在食品的生产过程中，为了提高食品的香气以及特有的风味，往往会加入天然或人工合成的食用香精香料来达到目的。食用香精香料作为一类食品添加剂，几乎在所有加工食品中都有重要或特殊的地位。

11.1.1 食用香精香料的特点

食用香精香料的种类繁多，结构复杂。目前已经发现的食品中存在的香味物质有 1 万多种，其中国际上允许食用的香料品种就多达 2600 多种。不仅如此，随着食品工业和香料工业的快速发展，这一数目还在不断增加。产品的多样性和复杂性给食用香料的安全性评价带来了巨大的挑战。当前，我国食用香精香料的应用非常广泛，加工食品中离不开食用香精香料。由于食用香精香料的适用范围越来越广，其安全性的影响也日益增大。然而一般食用香精香料的使用量较低，这一特点使其不同于其他常用的食品添加剂，如防腐剂、色素等。食用香精香料被认为是一种"自我限量"的添加物，它的添加量往往受到消费者的接受程度的限制，一般情况下不会出现超量使用的问题，因而其安全性问题容易被人所忽视，人们对食品香精香料安全性问题的重视远远低于色素、防腐剂等其他添加剂。尽管食用香精香料具有自我限制性，在单一食品中的含量并不高，但是如果将它们在人们消费的各种食品中的量累加起来，这个总量便不容忽视。日积月累，这些香精香料的摄入对于人类尤其是幼儿和青少年（他们是各种零食的主要消费群体并且代谢器官尚未发育完全）的健康可能会造成潜在的危害。因此有必要加大香精香料使用的控制力度，并加深对于食用香精香料安全性的研究。

11.1.2　食用香精香料存在的安全性问题

11.1.2.1　加工工艺的安全性问题

自从 2002 年瑞典国家食品管理局和斯德哥尔摩大学的科学家报道油炸马铃薯和焙烤食品中含有丙烯酰胺以及丙烯酰胺的潜在危害以来，德国、比利时、中国、日本等国科学家相继发现热反应体系会产生丙烯酰胺这一安全性问题。丙烯酰胺对人体具有神经毒性、生殖毒性以及潜在的致癌性，会对大脑及中枢神经造成损害，并被国际癌症研究机构（IARC）列为"可能对人致癌物质"。目前，对食品中丙烯酰胺形成机制的研究并没有确切结论，但氨基酸和还原糖在高温加热条件下通过美拉德反应生成丙烯酰胺这一反应机理已经得到了确认。对于肉味香精来说，热反应是制备香精的重要加工工艺，但是对于绝大部分热反应型香精的安全性评价以及各种成分的毒性分析数据却很少，因而热反应类香精在生产过程中是否有可能生成丙烯酰胺以及其中丙烯酰胺的含量等问题还需要进一步的研究。

对于一些以肉类为原料制备得到的热加工型肉类香精来说，其可能产生的毒害物质不仅包括丙烯酰胺，还有杂环胺类物质。杂环胺主要是肉类在热加工过程中产生的一类致癌致突变物质，可导致多种器官肿瘤的生成。因而如何通过改善加工工艺避免或者降低杂环胺类在热加工肉类香精中的含量也是香精香料生产面临的安全性问题之一。不仅如此，随着植物水解蛋白（HVP）作为天然调味香料在食品中的大量使用，其自身带来的安全性问题也逐渐引起人们的重视。传统的水解植物蛋白的生产工艺，是将植物蛋白质用浓盐酸在 109℃ 回流酸解，在这过程中，为了提高氨基酸的得率，需要加入过量的盐酸。此时如果原料中还留存脂肪，则其中的三酰甘油可水解成丙三醇，并进一步与盐酸反应生成氯丙醇。氯丙醇具有生殖毒性、致癌性和致突变性，是继二噁英之后食品污染领域又一热点问题，被列为食品添加剂联合专家委员会（JECFA）优先评价项目。因此如何优化工艺而降低植物水解蛋白中氯丙醇的生成也是食用香精香料安全甚至食品添加剂安全领域需解决的问题。

11.1.2.2　使用过程中的安全性问题

虽然食用香精香料被认为是可"自我限量"的添加物质，但是随着食品工业的日益发展，香精香料使用逐渐普遍，消费者的味蕾对于香味的识别阈值也在逐年提高，从而可能造成食用香精香料在使用过程中逐渐增量。

不仅如此，某些特殊的香精香料例如苯甲酸的使用安全性问题也日益突出。苯甲酸又名安息香酸，具有微弱香脂气味，属于芳香族酸。它既可以作为食品工业中防腐剂使用也可以作为香料使用，尤其常在巧克力、柠檬等口味的食品中作为香精使用。防腐剂是食品安全监督非常受关注的一种食品添加剂，而苯甲酸既是防腐剂又是香料的特殊性使其使用会受到多方的限制，也较容易出现安全性问题，并有可能因为将苯甲酸用作香精而导致不知情地扩大了苯甲酸适用范围甚至超量使用，例如近年来出现的冰激凌、面包以及乳制品中苯甲酸过量的问题就属于香精使用过程中的问题。尽管一般情况下苯甲酸被认为是安全的，但有研究表明苯甲酸有叠加毒性作用，对于包括婴幼儿在内的一些特殊人群而言，长期过量摄入苯甲酸可能带来哮喘、荨麻疹、代谢酸性中毒等不良反应，在一些国家中，已被禁止在儿童食品中使用。因而香精香料使用过程中的安全性问题同样不容忽视。

11.1.3　食用香精香料安全性的一般评价程序

由于安全性是食品的命脉，因而食用香精香料的使用范围以及最大使用量，需要通过安全性评价来进行预测。根据我国卫生部 1994 年公布的 GB 15193.1—1994《食品安全性毒理学评价程序》及欧盟香精香料专家委员会编写的《热反应香精安全评价系统指南》及相关文献的介绍，食用香精香料的安全性评价可包括以下几个部分。

第一部分：化学结构与毒性关系的确定。

第二部分：特殊组分例如砷、铅、镉等重金属元素和丙烯酰胺以及杂环胺类等有毒特殊成分的测定。

第三部分：进行毒理学实验，包括急性毒性实验、联合急性实验、基因诱变实验［例如艾姆斯试验（Ames Test）］、试管中染色体破损实验和 90 天啮齿动物喂给实验等，必要时还应包括慢性毒性实验（包括致癌实验）。

第四部分：根据现有的测定数据和毒理学数据对该香精香料进行评价。通过以上程序，可以对某种香精香料的安全性进行有效评价，为产品的生产以及消费者的购买提供良好的指导作用。

11.1.4　国内外食用香精香料的安全性评价现状

1958 年，美国对其 1938 年制定的《食品、药品、化妆品法案》进行了修订，该修订法案建立了食品添加剂包括食用香精香料在内的准许使用系统，并且明确了生产商对于食用香精香料安全性的相关责任。1958 年的食品修订法案同样提出了"公认安全"（generally recognized as safe，GRAS）的概念来为食用香料的"肯定表"（positive list）进行评价。这一任务随后交给了美国食用香料和提取物制造者协会（FEMA），该组织的专家组自 1960 年以来根据化学结构、结构毒性关系、人体暴露量、已知成分毒性等因素连续对食用香料的安全性进行评价，并于 1965 年公布第一批 FEMA GRAS 名单。多年以来，美国食用香料和提取物制造者协会专家组成员致力于食用香料的评估，将结果编录成文献供美国食品药品监督管理局使用。随后，专家组将所有公开文献作为继续进行 GRAS 安全评估的数据的一部分发表于国家技术信息咨询杂志（NTIS）。截止到 2009 年，美国食用香料和提取物制造者协会的 GRAS 名单已经公布到 24，它对每个经专家组评价为安全的食用香料都给予一个编号，编号从 2001 号开始，目前已达 4666 号，即允许使用的食用香精香料已达 2600 多种。美国食用香料和提取物制造者协会的 GRAS 得到了美国食品药品监督管理局的认可并作为国家标准执行，而已通过的 2600 多种食用香料也以"肯定表"的形式进行公布。

由于我国的食品工业起步较晚，关于食品特别是食用香料的安全性规范和立法相应滞后。1977 年，我国卫生部根据实际情况，参照国际上的规定，将我国使用的食用香精香料进行分类管理，公布了第一批允许使用的名单共 149 种。GB 2760—2007《食品添加剂食用卫生标准》中列入的 2000 多种允许食用的食品添加剂中，有 1900 多种属于食用香精香料。2009 年 6 月 1 日起实行的《中华人民共和国食品安全法》对食品添加剂的生产、流通、使用、风险评估等方面有明确的条款，是行业在生产、加工和应用添加剂产品时必须遵守的法律，也为食品包括食用香精香料在内的安全性提供了新的指导框架。

11.1.5　目前安全性评价所面临的主要问题与未来发展趋势

尽管现在各国对于食用香精香料的安全性日益重视，相继推出新的法律法规来规范食用香精香料的生产和使用，但是关于其安全性评价的研究资料和报道还是非常稀少的，大都停留在综述层面。尽管 GB 2760—2007《食品添加剂食用卫生标准》对于食品添加剂的使用进行了规定，允许使用的食用香料已达 1900 多种，但是具有国家或企业标准的香精香料仅 62 种。食用香精香料的标准及细则却迟迟没有出台，也没有规范的行业标准，绝大部分的食用香料仅停留在是否允许使用的层面上，对于其更深一步的毒理病理学研究和最大暴露量的研究却不够完善和深入，也没有明确规范各种食用香料的适用范围和使用量。这就导致了相当一部分企业私自生产、经销、使用未经国家批准的食用香料，或者使用劣质香料，以牟取暴利。这些法律、标准以及研究的缺失既大大制约了我国食用香精香料工业的发展以及新产品的推广和使用，也为消费者的身体健康带来了潜在的风险。

不仅如此，由于食用香精香料的种类繁多，因而进行安全性评价的成本较高，耗时较长。如何确立一种方便快捷的评估方法，也是食品香精香料安全性评价面临的重大问题之一。安全评价是一个动态的过程，因此今后的研究要根据科学技术的发展和食用香精香料业的变化进行调整，采用更简便迅速的评估方法。今后的研究重点，应放在各种香精香料的暴露量和使用范围上。在进行研究的同时，还应注意搜集国内外食用香精香料安全信息，加快标准的制定和相关法律的推行。

11.2　食用香精香料的鉴伪

民以食为天，而香味是食品品质基本要素之一。目前，食用香精香料已经形成相当成熟的工业化体系，为食品工业不可缺少的配套性行业之一。现代食品加工离不开各种食品添加剂，而在全球整个食品添加剂市场中，食用香精香料占据了四分之一以上的市场份额。

　　含硫香料和天然香料为近年来食用香精香料领域发展非常活跃的两类香料。含硫香料属于非常特殊的一类香料，具有阈值低和特征性强的特点，尽管在食品中通常以很低的浓度存在，但是对许多食品的特征香味产生重要贡献。在目前检测到的各种食品的挥发性成分中，含硫化合物数量约占 10%。而在提取物制造者协会组织最近 10 次公布的安全列表中，包括 213 种含硫香料，占到总数的五分之一以上。市场上含硫香料品种的发展速度远远超过了其他品种。

　　食用香精香料市场近年来对天然香料的需求呈显著上升的趋势。对消费者来说，天然的概念包括了健康安全、绿色、可持续发展多重含义。这种强有力的市场需求推动了相关技术的不断发展进步，可获得的天然香料品种越来越多，天然香料的市场逐步扩大。

　　很多天然香料都是手性的。人的嗅觉系统受体由手性的生物分子构成，可以区分手性香料不同立体结构的对映体。手性香料的香气特征和强度与其立体结构密切相关，不同立体异构体通常显示不同的香气特性。香芹酮是最具有代表性的手性香料之一，其 R 构型具有留兰香香味，而 S 构型具有葛缕子香味。但是像这样非常极端的情况并不多见，很多手性香料的两个异构体通常具有某些相似的特征，而其中一个往往香气强度更强，香气更具特征性。

　　天然存在的手性香料往往以一定比例对映体的混合物存在，如 5-甲基-2-庚烯-4-酮（榛子酮），存在互为对映体的两个立体异构体，两个对映体均具有坚果、黄油及金属气味，两个对映体在自然界中均有存在，如在生榛子的 S 和 R 构型的比例为 80：20，而在焙烤过的榛子中比例约为 70：30。在自然界广泛存在的 γ-内酯，在大多数情况下都是 R 构型为主，只有少数以单一的 R 构型存在。六元环的 δ-癸内酯，在覆盆子中其 S 构型的异构体占 98%，在桃子中情况相反，R 构型为主要的异构体，占 97%，而在 Cheddar 奶酪中，两个对映体的比例为 72：28。

11.2.1　精油掺假

11.2.1.1　橘油的掺假及其鉴伪

　　精油成分中对映体的分布的测定，近年来被用于鉴别区分天然精油，可用以区别精油的真假，还可鉴别精油中是否被加进少许低劣的外来成分。

　　广泛地应用于食品工业和调香之中的冷榨橘子精油，是具有很高商品价值的香味产品。称做"商品橘油"的产品，一般是由橘萜、γ-萜品烯、N-甲基代邻氨基苯甲酸甲酯、麝香草酚和一些少量的天然橘子油混合而成，它们在市上均有供应。这些产品的价格低于真橘子油而畅销于市，但其香气质量则远低于天然橘油。将不同数量的这类配制油加入天然橘油之中，而把这种混合油冒充为真橘子油的事情经常发生。

在20℃时，天然橘油的旋光度为$+65°\sim+75°$，而甜橙油及其萜烯类的旋光度则为$+98°\sim+100°$，配制橘油的旋光度比真橘子油高。为了使配制橘油的旋光度降低，在12%～16%市售产品中均加有高含量的（-）-苧烯。在天然橘子油中加入了这些配制橘油，从而改变了两种苧烯对映体的比例，这样就显露了这种橘油被掺假。

对于像精油那样的对映体混合物的直接 GC 方法，采用环糊精的手性色谱柱一般都有困难，因为各种不同组分的色谱峰可能重叠，求助于多向色谱系统则很有效，采用的是一种联合的非手性和手性柱。

Giovanni Dugo 等人提供了一种用以快速检测在天然橘子油中加入配制橘油的精油的方法。这一方法是基于一种同线连接的非手性及手性毛细管柱气相色谱去测定苧烯的两种对映体的比例。在真橘子油中（-）-苧烯和（+）-苧烯的比例为2.2∶97.8，而同样比例的配制橘油则为13.4∶86.6。由于在真橘子油中加入配制橘油后会提高（-）-苧烯与（+）-苧烯的比例，因而即使在真橘子油中仅加入5%的配制橘油，亦可被检出。

11.2.1.2 薄荷原油的掺假及其鉴伪

薄荷原油是我国大宗出口天然香料产品之一，由于其价值高，一直存在掺假问题。

（1）乙醇溶解度试验 用于鉴别掺有动物油（例如猪油）、植物油（例如菜籽油、豆油）、矿物油（例如液体石蜡、变压器油、缝纫机油）、焦油（蒸馏薄荷素油的副产物）、红油（焦油经水蒸气蒸馏而得到）的薄荷原油。

掺有动物油、植物油、矿物油的掺假薄荷原油，只要其掺假物浓度大于0.5%，乙醇溶解度试验均不会出现瞬间澄清，而是溶液一直像米汤一样浑浊，其浑浊程度随所掺假物浓度增大而增大。如果掺有焦油、红油，或原油存放时间过久，或掺假物浓度较低，其试验现象是瞬间澄清后继续滴加乙醇又会出现乳光或浑油，直到加 10mL，乳光也不会消除。对溶解度试验不能通过而又无法确定掺假物的疑难掺假油，可通过不挥发物试验做进一步鉴定。

（2）不挥发物测定　用于鉴别薄荷原油中掺有动物油、植物油、矿物油、红油、焦油及其他一切不能用气相色谱法鉴定的高沸点物质。

正常油样不挥发物 0.2% 以下；陈油不挥发物偏高，为 0.5% 左右；掺有焦油、红油的薄荷原油不挥发物高达 1% 以上，而这种掺假油在进行乙醇溶解度试验时，如不仔细观察瞬间澄清后的乳光现象，则很难被发现。由于不挥发物试验使得掺假物被浓缩在表面皿上，故基本上可以看出被掺物为何物。

该方法对于鉴别疑难掺假油，尤其是不能被气相色谱法鉴定的高沸点掺假物油样特别有效。

（3）盐水溶解试验　用于鉴别掺有酒精的薄荷原油。

酒精易溶于水，而薄荷原油微溶于水。使用盐水可进一步降低原油在水中的溶解度。用移液管精确移取油样 10mL 注入醛瓶中，加入 80mL 食盐水溶液，摇动醛瓶使油水充分混合，待其混合后再加入食盐水溶液使油层上升至瓶颈刻度处，如有油珠黏附瓶壁，可轻敲瓶壁使油珠上升，或将瓶颈置于双手掌心快速旋转使油珠脱离瓶壁，待油层全部上升至瓶颈刻度处后便可读取油层的毫升数（精确至 0.01mL）。另取不含酒精的原油同以上操作进行空白试验。

（4）原油结晶试验　用于鉴别掺有薄荷素油、松节油的薄荷原油。

薄荷原油中主要有效成分为左旋薄荷醇，原油在一定温度下的结晶速度随左旋薄荷醇含量的增加而增加，未掺假的原油左旋薄荷醇含量较高，在该实验条件下可正常结晶；掺假原油左旋薄荷醇含量低，在该实验条件下难以结晶。

凡未掺假原油者总醇含量均在 78% 以上，而掺假原油者总醇含量基本低于 78%，在实验现象上是一个结晶，一个不结晶，原油总醇含量愈高结晶得愈彻底。本方法灵活运用，例如配制不同含量的标准油样与待测油样对照观察结晶情况，还可大致估计原油总醇含量高低。

（5）GC-MS 检测　用于鉴别掺有植物油的薄荷原油。

薄荷原油是指用水蒸气蒸馏法直接提取出来的挥发性原油，为浅黄色或草绿色油状液体，具有特殊清凉的香气。薄荷原油的主要成分包括薄荷醇、薄荷酮、乙酸薄荷酯、薄荷萜烯，其中薄荷醇的含量为 78%～85%。薄荷原油具有清凉止痒、抗炎镇痛、抗病毒、抑菌等功效，在香精香料、医药、食品工业等领域具有很广阔的应用前景。由于薄荷原油的价格高，在薄荷原油中添加松节油、酒精、植物油或其他廉价成分以次充好的现象时有发生。植物油在薄荷原油中具有较好的溶解性，其颜色、密度和折射率与薄荷原油接近，因此通过常规技术指标如色泽、密度、折射率、旋光值等难以鉴别薄荷原油中是否掺杂植物油。掺入低廉的植物油已成为薄荷原油掺假的一种主要手段。目前，对薄荷原油的掺假鉴别主要针对是否掺有留兰香、乙醇、水等成分，而对薄荷原油中是否掺加食用植物油的掺假鉴别方法还未见报道。

周芳芳等采用气相色谱-质谱法，对掺杂 6 种食用植物油的薄荷原油进行快速、有效的鉴定分析。通过检测薄荷原油中是否含有植物油的特征成分，如亚油酸、油酸、棕榈酸、硬脂酸，可以判断薄荷原油样品中是否掺杂植物油。对 6 种植物油（豆油、调和油、芝麻油、玉米油、花生油、菜籽油）经甲酯化后的特征成分和共有组分进行分析。结果表明：薄荷原油经过甲酯化后，利用植物油的特征峰，能鉴别出薄荷原油中是否掺有植物油，最低可检出的掺杂量为 0.001%，并且根据 4 种特征脂肪酸峰面积总和与 L-薄荷醇峰面积比值，可以初步推断植物油的掺加水平。该检验方法灵敏、可靠，可以为薄荷原油的质量安全控制提供重要的技术依据。

11.2.1.3 姜油的掺假及其鉴伪

植物油在姜油中有较好的溶解性，其中豆油的颜色、密度和折射率与姜油接近，在姜油中掺杂豆油，通过常规技术指标如色泽、密度、折射率、旋光值等难以鉴别，因此掺入低廉的豆油已成为姜油掺假的一种主要手段。

胡艳云等研究对纯姜油和掺杂豆油的姜油样品进行甲酯化处理，利用气相色谱-质谱仪进行分析和鉴定，可检出掺假姜油中的豆油成分，并据此建立了一种快速、灵敏的分析方法，来判断实际姜油样品中是否掺有豆油。

此定性鉴别方法可轻易识别掺杂豆油量在 1% 以上的姜油样品，过低浓度的掺假对造假者来说已无意义。此外，由于各类食用植物油的主要成分也是油酸、亚油酸、硬脂酸等脂肪酸，因此本方法不仅可以鉴别姜油中是否掺杂豆油，也可以用于鉴定姜油中是否掺杂其他食用油，这对保证出口姜油质量、打击不法商贩的掺假行为具有重要意义。

11.2.1.4 桉叶油的掺假及其鉴伪

桉叶油是桉树叶油腺细胞分泌出来的芳香精油，含有挥发油、苦味质、鞣质和树脂等多种成分，是清澈具有芳香味的液体，刚提取出时呈无色，而后变成微黄色。桉叶油是世界上十大精油品种之一，是萜烯类等多种有机成分的混合物，主要成分萜烯类决定了不同桉叶油的化学特性甚至它的价格。萜烯类可用于配制化妆品、牙膏、香皂、洗涤剂、口腔清洁剂、室内清洁剂、口香糖等香精，还是药用原料。由于市场的价格竞争，在生产和销售桉叶油的过程中掺入一些价格低廉合成原料，造成桉叶油掺假现象时常发生。

丙二酸二乙酯规定为允许使用的食用香料，主要用于配制梨、苹果、葡萄、樱桃等水果型香精。因合成的丙二酸二乙酯价格成本低，掺入桉叶油中，有利于市场的价格竞争，这样就造成桉叶油的产品质量的下降。

石宝俊等采用气质联用仪确定桉叶油中的掺假物质为丙二酸二乙酯，通过对照品进一步确定掺假物质。并通过制作对照品的标准曲线，测定桉叶油中掺假物质的含量。

11.2.1.5　留兰香油的掺假及其鉴伪

留兰香别名绿薄荷，系唇形科薄荷属，多年生宿根草本植物，原产于欧洲，如今在我国安徽省的池州地区和河南省的商丘地区均有较大面积的种植。将留兰香的茎与叶经水蒸气蒸馏后可得到留兰香原油，原油经分馏后除去部分萜烯类化合物，可按需要调配出含香芹酮量分别为60%、65%、80%等不同规格的精油。它广泛用于牙膏、口香糖、食品添加剂、口腔卫生用品、调味香料和祛风药物中，是一种重要的天然香料油。由于其价值高，留兰香原油的掺假问题一直困扰着加工厂和经营单位。

张祥等采用感官评价、丙酮溶解度试验、不挥发物试验、皂化试验、盐水溶解试验、气相色谱-质谱鉴定等手段，均可对掺假留兰香油进行快速鉴定。

11.2.1.6　香叶油的掺假及其鉴伪

香叶原是牻牛儿苗科、天竺葵属的大根香叶，多年来香料界将天竺葵属的品种统称为香叶。目前我国栽培品种是香叶天竺葵（*Pelargonium graveolens* L' Herit），香叶天竺葵是多年生的草本植物，株高60～90cm，全株有毛具香气。原产于非洲南部，我国各地均有少量栽培，目前我国主要栽培种植地是云南省。

香叶油是香料工业中最重要的天然香料植物精油之一，感官特性是蜜甜、微清，香气稳定持久，甜而带清，有叶青气息，还有脂蜡气，香气浓厚，余香有玫瑰样甜香。在日用香精中用途广泛，可用于香水、香粉、膏霜和香皂香精及其他制品中，它常作为配制玫瑰香精的香料及用于风信子、香石竹、紫丁香、晚香玉、铃兰、紫罗兰、含羞花等香精，又是调配蔷薇香型、薰衣草型、玫瑰檀香型、东方香型所必需的香料。在食品方面亦可用于调配食品、烟草、酒用香精的香原料。

香叶油因价格昂贵，市场价格波动大，所以在货源紧缺期间，市场上常有掺杂假冒香叶油。甄昭世等采取常用掺杂物检测方法来鉴别，如闻气味法、擦皮肤法、闻香纸点样法、测相对密度法、折射指数法、乙醇溶解度法、旋光度法。对掺杂量大或掺杂物与香叶油理化性质相差大时，上述检测方法可以较快速简便检出；对掺假水平高，掺杂物的理化性质与香叶油相似及掺杂量少时，很难通过上述方法检测，最好的方法是用毛细管气相色谱法。

11.2.1.7 肉桂油的掺假及其鉴伪

肉桂油是一种广泛应用于日化、食品香料行业的天然精油，其中肉桂醛作为高浓度的香料成分，含量约占精油的 80%。肉桂油价格相当昂贵，而肉桂醛的化学合成品价格低廉，仅为天然产物的十几分之一，这就可能导致合成品掺入天然肉桂油以攫取非法高额利润的掺假事件。

陈正夫等针对肉桂油掺杂合成肉桂醛的鉴定问题，设计了 GC/MS 鉴别掺假的技术路线，以合成肉桂醛中的特征副产品 5-苯基-2,4-戊二烯醛（以下简称 PPDA）作掺杂的标记，在 SE-54 毛细管色谱柱上，采用质谱检测 PPDA 质谱特征离子，同时选用肉桂油主要组分为内标计算 PPDA 色谱保留指数，为控制精油质量防止掺假提供了有效的检测手段（图 11-1）。

11.2.2 香精掺假

香精中的掺假主要有：以合成香原料冒充天然香原料，在天然精油中掺入合成香料，以甲产地的香精油冒充乙产地的香精油等。

目前，在香精鉴伪中常用的技术有[14]C 的同位素比值测试法、气质色谱联用法和同位素比值检测法等。其中，同位素比值的检测技术是香精鉴伪中应用最有前景的技术。目前，国际上应用的有两种同位素比值检测技术，即同位素比质谱仪法（IRMS）和点特异性天然同位素分馏核磁共振技术（SNIF-NMR）。两种技术方法

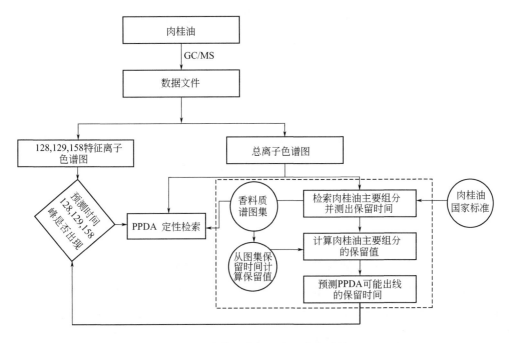

图 11-1　肉桂油掺假鉴定的技术路线

的联合使用，再结合化学分析方法和数据统计技术，可以获得更多元素、更多方位的信息，解决更多复杂的鉴别香精真伪与掺假的难题。

11.2.2.1　分析不稳定性同位素^{14}C 判断天然度

^{14}C 分析主要用来判断香味物质是由化石原料还是由植物的衍生产品制造的，即所谓的天然性（天然度）问题。其原理如下：不稳定^{14}C 是由宇宙线轰击空气中的 N 而以稳定的速率形成的。^{14}C 与 O_2 结合，以$^{14}CO_2$ 形式存在。植物在光合作用下吸收空气中的 CO_2，并经生物合成把它转化为各种生物最终产品。在这过程中，前述的$^{14}CO_2$ 以一已知的水平结合进入植物，因为不稳定同位素^{14}C 的半衰期约为 5730 年，所以经由亿万年形成的化石原料（石油、煤、天然气）及其衍生产品中的^{14}C 活性可以忽略不计。一般而言，如果^{14}C 活性低于当前的水平（1g 碳每分钟衰减 15～17 个碳原子，即 dpm 为 15～17），便可以认为该产品是部分或全部（dpm＝0）来自石油衍生制品。

这一方法在香料工业界曾经得到普遍应用。在美国检测食品和食用香味物质的权威检测机构是美国乔治亚大学应用同位素研究中心，欧洲有德国的 Bremer Analyse-Institut Für Naturwaren GmbH 等。在我国，上海的复旦大学放射医疗研究所可为出口食用香味物质做 ^{14}C 天然度检验。但是该方法有很多局限性。

例如，香兰素可以由下列各条路线制备：①松木木质素→香兰素；②天然愈创木酚→香兰素；③天然姜黄素→香兰素；④天然丁香酚→香兰素；⑤香荚兰→香兰素。

如仅测定 ^{14}C，上述香兰素都可认为是天然的，而由香荚兰制备的香兰素价格可能会数十倍于前四者。所以，该方法已处于逐渐被淘汰的过程之中。显然，为了区分天然产品来源，需采取更为有效的手段。

11.2.2.2 联机检测 D/H 和 ^{18}O/^{16}O 比率

在生产过程中，往往可以以不同原料由不同工艺路线制成相同化石结构的产品，其中最典型的是前文中提到的天然级香兰素。如再增加 δH 的分析数据，使天然级的分析判定成为多元素法，则可以更加准确地判断生产原料的物种来源。

氢同位素的标准是 V-SMOW（Vienna-Standard Mean Ocean Water），它表示环球水体中的氢同位素比例（指海洋），是氢的主储存场所，其 δD 是相对稳定的。其他标准还有 SLAP（Standard Light Antarctic Precipitation），是南极圈处的氢同位素比例。

利用氘氢比的变化判断物质起源的原理是 δD 的变化主要是由于大气中水的蒸发和冷凝过程造成的，纬度越高，该处的氘随着蒸发和冷凝的循环过程减损（或降低）得越多，其变化虽然很微小，但在蒸散循环中存在于植物中，并且 CO_2 和 H_2O 通过植物的呼吸孔吸收。用标准制备技术（包括在密封的 Pyrex 玻璃管中完全燃烧），对具有活泼的羟基氢原子（例如香兰素和芳樟醇）的化合物进行处理。在佐治亚大学的同位素研究中心，同位素分析是在萃取后立即进行的，以便使其他影响同位素分离的因素效应最小。

在过去几年中，用于联机检测的 D/H 和 ^{18}O/^{16}O 的燃烧界面已经开发出来了。其中有德国 Finnigan MAT GmbH 公司研发出来的高温转化界面（TC），另外，对于碳水化合物类不能直接用气相色谱分析的物质，为了确定纯化合物的 δ^2H 和 δ^{18}O 值，还可以使用 TC/EA 界面，即高温转化/元素分析界面。其基本原理是在植物的光合作用过程中，CO_2 和 H_2O 被转化成碳水化合物，在这些反应过程中，发生了某些同位素的分离。

仍以香兰素为例，香兰素是最主要的食用香料之一，它可由各种途径制取。不同来源的香兰素价格差别很大，所以需要一个强有力的工具对香兰素来源进行可靠的确认。表 11-1 列出了不同来源的香兰素的 δ^2H 和 $\delta^{13}C$ 值。采用的是 GC-IRMS 法，结合由 Finnigan 公司提供的 TC 界面，分析了来自不同地区的，从 1999 年收割的香荚兰豆荚中提取的香兰素，以及采用不同生物方法、化学方法制取的香兰素。

表 11-1 不同来源的香兰素的 δ^2H 和 $\delta^{13}C$ 值

序号	来源	$\delta^{13}C(‰)$ V-PDB $[\pm 0.2(‰)]$	$\delta^2H(‰)$ V-SMOW $[\pm 5(‰)]$
1	丁香酚	-30.3	-116
2	丁香酚*	-30.5	/
3	阿魏酸（发酵）	-36.4	-168
4	木质素	-27.6	-186
5	香荚兰豆荚（马达加斯加）	-22.0	-55
6	香荚兰豆荚（印度尼西亚）	-20.6	-102
7	香荚兰豆荚（塔西提）	-18.2	-88
8	香荚兰豆荚（墨西哥）	-20.8	-60
9	香荚兰豆荚（科摩罗）	-21.7	-59

注：* 表示为上海香料研究所的产品，仅做了 $\delta^{13}C$，未做 δ^2H。

值得一提的是，表 11-1 中序号 2 以丁香酚为原料的香兰素在德国 Bremer Analyse-Institut Für Naturwaren GmbH 测试的 $\delta^{13}C$ 值为 -30.5（是 5 个数据的平均值），与表 11-1 中的数据吻合。丁醇是另一个重要的香料，用 IRMS 分析不同来源的丁醇，再次使用多元素分析法，但是这一次涉及分析不同样品的 δ^2H、$\delta^{13}C$ 和 $\delta^{18}O$ 值，把三组数据结合起来，能够提供不同来源丁醇的特征信息。具体可见表 11-2。

表 11-2 不同来源丁醇的 δ 值

丁醇来源	$\delta^{13}C(‰)$ V-PDB $[\pm 0.2(‰)]$	$\delta^{18}O(‰)$ V-SMOW $[\pm 1.5(‰)(GC/TC)]$	$\delta^{18}O(‰)$ V-SMOW $[\pm 1.5(‰)(GC/EA)]$	$\delta^2H(‰)$ V-SMOW $[\pm 5(‰)]$
A 天然	-27.3	22.2	17.1	-228
A 天然	-27.3	22.2	17.1	-222
A 天然	-28.3	22.2	17.8	-155
B 天然	-13.3	11.6	5.6	-290

续表

丁醇来源	$\delta^{13}C(‰)V\text{-}PDB$ $[\pm 0.2(‰)]$	$\delta^{18}O(‰)V\text{-}SMOW$ $[\pm 1.5(‰)(GC/TC)]$	$\delta^{18}O(‰)V\text{-}SMOW$ $[\pm 1.5(‰)(GC/EA)]$	$\delta^2H(‰)V\text{-}SMOW$ $[\pm 5(‰)]$
B 天然	−14.0	13.2	7.2	−290
B 天然	−13.7	11.9	7.5	−274
C 石油化工	−27.8	8.8	3.9	−138

11.2.2.3　特定天然同位素分离-核磁共振分析法

特定天然同位素分离-核磁共振分析法即 ^{2}H-NMR 法，也称之为 SNIF-NMR，可用来评定特定的氢同位素的比率。^{2}H-NMR 至今还是准确判断芳香分子来源（植物、半合成和合成）的唯一方法。这一方法已被成功地应用于香草醛、茴香脑和苯甲醛来源的分析。这种方法甚至可以区分出苯甲醛是由桂皮油还是由杏仁油制备的。表 11-3 列出了 ^{2}H-NMR 法分析不同来源苯甲醛的情况。

表 11-3　^{2}H-NMR 法分析不同来源苯甲醛的情况

样品	$f(D-C=O)$	$f(ortho)$	$f(meta)$	$f(para)$
苯甲醛(由苯合成)	0.510±0.002	0.193±0.001	0.206±0.001	0.091±0.003
苯甲醛(由肉桂油提取)	0.168±0.001	0.353±0.001	0.293±0.001	0.186±0.001
苯甲醛(由杏仁油提取)	0.166±0.001	0.321±0.001	0.320±0.003	0.194±0.004

由表 11-3 的数据可见，由化石来源的原料合成的与从天然精油中提取的苯甲醛，数据有明显差异。而不同原料制成的天然品的分析数据也存在着一定的距离。

采用多种同位素分析，甚至还可以分析食品基质中香味物质的来源，举例如下。

（1）苦杏仁油和肉桂油的鉴伪　例如，苦杏仁油和肉桂油为两种香精油，它们的芳香成分分别是安息香醛和肉桂醛，且肉桂醛可转化为安息香醛。Gerald Remaud 等人以安息香醛作为分子探针，用 SNIF-NMR 技术测定其分子中具体位置氘的含量，可以判断安息香醛的来源是甲苯和二氯甲基苯合成的，还是半合成的（以肉桂提取肉桂醛，再反应而得）或天然的（从杏子、桃子和樱桃及苦杏仁中提取的），为确定苦杏仁油和肉桂油的来源提供依据。

（2）香兰素的鉴伪　天然香兰素是一种从热带植物香兰豆提炼出来的物质，较为昂贵。合成香兰素大多用木质素合成，化学结构和天然香兰素完全相同，但价格便宜许多。

Gerald S. Remaud 等人应用同位素分析法对香兰风味的两种物质——香兰素、羟基苯甲醛进行研究，提出了应用 SNIF-NMR 技术检测香兰素的改进方法，丰富了相关数据库，增添来自不同国家的香兰豆提取的香兰素和人工合成的香兰素的信息，改进了类似物质的定性、定量和鉴伪的软件统计工具。

11.2.2.4　借助 GC-MS 技术判断产品来源

众所周知，GC-MS 技术现在已经成为香料香精行业最常用的分析手段之一。

用 GC-MS 技术对香原料进行杂质分析从而判断产品来源的方法是基于如下考虑：①市场上某一种产品的生产工艺是有限的，例如香兰素，主要有丁香酚、木质素、乙醛酸和阿魏酸等来源；苯乙醇，主要有桂醛、苯丙氨酸、苯乙烯和杂醇油提纯等来源；②产品的主体部分化学结构是相同的，杂质部分会因生产过程而异，表现出特殊性或特征性；③产品最初已经由同位素分析认定过来源。

范翠翠等就国内市场具有代表性的产品香兰素和苯乙醇展开杂质比较分析，所得结果比较如下。

（1）不同起始原料制得的香兰素中杂质比较　见表 11-4。

表 11-4　不同起始原料制得的香兰素中杂质比较结果

成品香兰素中所含杂质名称	起始原料名称			
	丁香酚（美国天然）	阿魏酸（欧洲天然，发酵法）	木质素（美国天然）	愈创木酚（合成）
邻香草醛	×	×	×	√
胡椒醛	√	√	√	√
异丁香酚	√	×	×	×
藜芦醛	√	√	√	√
乙基香兰素	×	×	×	√
香草乙酮	×	√	√	√
异香兰素	√	×	×	×
2-氯-3-羟基-4-甲氧基苯甲醛	×	×	×	√
对羟基苯甲醛	×	√	×	×

由表 11-4 可见，合成路线的香兰素中含有 2-氯-3-羟基-4-甲氧基苯甲醛和乙基香兰素，有可能为愈创木酚合成途径的合成产品，由于合成过程中加入 HCl 而生

成了副产物 2-氯-3-羟基-4-甲氧基苯甲醛；而乙基香兰素的出现是由于合成过程中使用的甲醇中含有作为杂质存在的乙醇所导致；丁香酚制备的符合美国市场要求的天然香兰素中含有的异丁香酚显然是特征物质；阿魏酸发酵生成的香兰素含有独特的对羟基苯甲醛；有趣的是木质素制备香兰素的杂质几乎与阿魏酸路线的一样，除了不含对羟基苯甲醛之外。

（2）不同起始原料制得的苯乙醇中杂质比较　见表 11-5。

表 11-5　不同起始原料制得的苯乙醇中杂质比较结果

成品苯乙醇中所含杂质名称	起始原料名称			
	桂醛(美国天然)	杂醇油(欧洲天然,发酵法)	苯乙烯(合成)	苯丙氨酸(欧洲天然,发酵法)
苯甲醛	√	√	√	√
十一酮	×	√	×	√
2-丁基-3,5-二甲基吡嗪	×	√	×	√
苯乙醛	√	√	√	√
4-对蓋烯-3-酮	×	×	×	√
胡椒酮	×	×	×	√
莰烯	×	√	×	×
香茅醇	×	√	×	×
姜黄烯	√	×	×	×
香叶醇	×	√	×	×
乙酸苯乙酯	√	×	√	√
2,3-二甲氧基甲苯	×	√	×	√
苏合香醇	×	×	√	×
苯乙醇乙酸酯	×	√	×	×
去氢白菖烯	√	×	×	×
对甲基苯基异丙醇	×	×	√	×
苯甲醇	√	×	√	×
异丁酸苯乙酯	×	×	√	×
苯基异丙醇	×	×	√	×
苯并噻唑	×	√	×	√
4-甲基愈创木酚	×	×	×	√
联苯	×	√	×	√

续表

成品苯乙醇中所含杂质名称	起始原料名称			
	桂醛(美国天然)	杂醇油(欧洲天然,发酵法)	苯乙烯(合成)	苯丙氨酸(欧洲天然,发酵法)
桂醛	√	×	×	×
苯丙醇	√	×	×	×
桂酸甲酯	√	×	×	×
柠檬酸三乙酯	√	√	√	√
1,4-二苯基戊烷	√	×	×	×

通过表 11-5 发现,不同制备路线制得的苯乙醇中杂质分析也表现出类似的特征:从桂醛出发制备的苯乙醇杂质中含有桂醛和桂酸甲酯;苯乙烯路线的苯乙醇中含有苏合香醇,都可以作为判断制备路线的特征物质。而杂醇油和苯丙氨酸两条发酵路线的产物中,杂质的成分表现相似,除了前者含有苯乙醇乙酸酯和异丁酸苯乙酯之外。

应当指出,上述分析结果是在特定的 GC-MS 分析条件下得到的,改变分析条件可以得到更多或较少的杂质,我们要做的是在其中发现各自特征物质。

综上所述,同位素分析是判断香味物质来源的有效手段。用 ^{14}C 可以判断出物质是来源于当代植物还是化石原料。在 $\delta^{13}C$、δ^2H 和 $\delta^{18}O$ 以及 ^2H-NMR 混合使用的情况下,甚至可以判断出香味物质来源的物种和其产地位置。对经营性的贸易公司,采用 GC-MS 分析杂质的种类,可以以较低的成本快速判断产品有无被掺杂或掺假,甚至假冒。换句话说,对于重复经营的产品,只要在第一单做同位素和 GC-MS 全面质量状态分析,建立质量信息的详细资料库,之后的批次,只要用 GC-MS 做产品杂质的痕量分析比对,即可判断产品的起始原料、生产工艺和质量水平。

要完成上述检测工作,还需对香精的基础配方有基本的了解,以及对天然精油中主要的致香成分有较深的经验,另外,还需要有香料单体手册可供查询相关基础数据。

参 考 文 献

[1] Kuroda M, Yamanaka T, Miyamura N. Change in taste and flavor of food during the aging with heating process. Generation of 'kokumi' flavor during the heating of beef soup and beef extract [J]. Japanese Journal of Taste and Smell Research, 2004, 11: 175-180.

[2] Ueda Y, Yonemitsu M, Tsubuku T, et al. Flavor characteristics of glutathione in raw and cooked foodstuffs [J]. Bioscience, Biotechnology and Biochemistry, 1997, 61: 1977-1980.

[3] Ueda Y, Sakaguchi M, Hirayama K, et al. Characteristics flavor constituents in water extract of garlic [J]. Agri cultural and Biological Chemistry, 1990, 54 (1): 163-169.

[4] Ueda Y, Tsubuku T, Miyajima R. Composition of sulfur-containing components in onion and their flavor characters [J]. Bioscience, Biotechnology and Biochemistry, 1994, 58: 108-110.

[5] Winkel C, De Klerk A J, De Rijke E, et al. New developments in umami (enhancing) molecules [J]. Chemistry and Biodiversity, 2008, 5 (6): 1195-1203.

[6] Ueda Y, Sakaguchi M, Hirayama K, et al. Characteristic flavor constituents in water extract of garlic [J]. Agricultural and Biological Chemistry, 1990, 54 (1): 163-169.

[7] Nishimura T, Ai S E, Nagao A, et al. Phytosterols in onion contribute to a sensation of lingering of aroma, a koku attribute [J]. Food Chemistry, 2016, 192: 724-728.

[8] Andreas Georg D, Thomas H. Bitter-tasting and kokumi-enhancing molecules in thermally processed avocado (Persea americana Mill) [J]. Journal of Agricultural and Food Chemistry, 2010, 58 (24): 12906-12915.

[9] Wakamatsu J, Stark T D, Hofmann T. Taste-active maillard reaction products in roasted garlic (Allium sativum) [J]. Journal of Agricultural and Food Chemistry, 2016, 64 (29): 5845-5854.

[10] Andreas, Dunkel, Jessica, et al. Molecular and sensory characterization of gamma-glutamyl peptides as key contributors to the kokumi taste of edible beans (Phaseolus vulgaris L.) [J]. Journal of Agricultural and Food Chemistry, 2007, 55 (16): 6712-6719.

［11］ Simone T，Andreas D，Thomas H. A series of kokumi peptides impart the long-lasting mouthfulness of matured Gouda cheese ［J］. Journal of Agricultural and Food Chemistry，2009，57（4）：1440-1448.

［12］ Simone T，Andreas D，Thomas H. A series of kokumi peptides impart the long-lasting mouthfulness of matured Gouda cheese ［J］. Journal of Agricultural and Food Chemistry，2009，57（4）：1440-1448.

［13］ Miyamura N，Kuroda M，Kato Y，et al. Determination andquantification of a Kokumi peptide，γ-glutamyl-valyl-glycine，in fermented shrimp paste condiments ［J］. Food Science and Technology Research，2014，20：699-703.

［14］ 王蓓，许时婴. 乳蛋白酶解产物呈味肽序列的研究 ［J］. 食品科学，2010，31（7）：140-145.

［15］ Motonaka，Kuroda，Yumiko，et al. Determination of γ-glutamyl-valyl-glycine in raw scallop and processed scallop products using high pressure liquid chromatography-tandem mass spectrometry ［J］. Food Chemistry，2012，134（3）：1640-1644.

［16］ 陶正清，刘登勇，戴琛，等. 盐水鸭呈味肽的分离纯化及结构鉴定 ［J］. 南京农业大学学报，2014，37（5）：135-142.

［17］ 刘源，仇春泱，王锡昌，等. 养殖暗纹东方鲀肌肉中呈味肽的分离鉴定 ［J］. 现代食品科技，2014，8：38-42.

［18］ Kuroda M，Kato Y，Yamazaki J，et al. Determination and quantification of the kokumi peptide，γ-glutamyl-valyl-glycine，in commercial soy sauces ［J］. Food Chemistry，2013，141（2）：823-828.

［19］ Naohiro Miyamura，Yuko Iida，Motonaka Kuroda，et al. Determination and quantification of kokumi peptide，γ-glutamyl-valyl-glycine，in brewed alcoholic beverages ［J］. Journal of Bioscience and bioengineering，2015，120（3）：311-314.

［20］ Cheng L K，Song H L，Wang P X. Degradation of Peptides Derived from Enzymatic Hydrolysis of Beef during Maillard Reaction ［J］. Food Science，2011，32（9）：46-50.

［21］ Hillmann H，Hofmann T. Quantitation of key tastants and re-engineering the taste of Parmesan cheese ［J］. Journal of Agricultural and Food chemistry，2016，64（8）：1794-1805.

［22］ Suzuki H，Nakafuji Y，Tamura T. New Method To Produce Kokumi Seasoning from Protein Hydrolysates Using Bacterial Enzymes ［J］. Journal of Agricultural and Food chemistry，2017，65（48）：10514-10519.

[23] Itoh T，Hoshikawa Y，Matsuura S，et al. Production of L-theanine using glutaminase encapsulated in carbon-coated mesoporous silica with high pH stability. Biochemical Engineering Journal. 2012，68，207-214.

[24] Speranza，Giovanna，Morelli，et al. γ-Glutamyl transpeptidase-catalyzed synthesis of naturally occurring flavor enhancers. Journal of Molecular Catalysis B：Enzymatic，2012，84，65-71.

[25] Salger M，Stark T D，Hofmann T. Taste Modulating Peptides from Overfermented Cocoa Beans. Journal of Agricultural and Food Chemistry，2019，67（15）：4311-4320.

[26] Xu Xinru，You Mengchen，Song Huanlu，et al. Investigation of umami and kokumi taste-active components in bovine bone marrow extract produced during enzymatic hydrolysis and Maillard reaction ［J］. International Journal of Food Science ＆ Technology，2018，53（11）：2465-2481.

[27] Liu Jianbin，Meng Ya，He Congcong，et al. Effect of thermal treatment on the flavor generation from Maillard reaction of xylose and chicken peptide. LWT -Food Science and Technology，2015，64（1）：316-325.

[28] Tang K X，Zhao C J，Michael G Gänzle. Effect of Glutathione on the Taste and Texture of Type Ⅰ Sourdough Bread ［J］. Journal of Agricultural and Food Chemistry，2017，65（21）：4321-4328.

[29] 冯涛，田怀香，陈福玉. 食品风味化学 ［M］. 北京：中国质检出版社，2013.

[30] Chattopadhyay N，Vassilev P M，Brown E M. Calcium-sensing receptor：roles in and beyond systemic calcium homeostasis ［J］. Biological Chemistry，1997，378（8）：759-768.

[31] Dunkel A，Hofmann T F. Kokumi flavour compounds and use ［P］：US，8147892 B2. 2012.

[32] Amino Y，Nakazawa M，Kaneko M，et al. Structure-CaSR-activity relation of kokumi γ-glutamyl peptides ［J］ Chemical and Pharmaceutical Bulletin，2016，64（8）：1181-1189.

[33] 方元超，赵晋府. 茶饮料生产技术. 北京：中国轻工业出版社，2001.

[34] 李学俊. 小粒种咖啡栽培与初加工. 昆明：云南大学出版社，2014.

[35] 王广兰，汪学红. 运动营养学. 武汉：华中科技大学出版社，2017.

[36] 刘远鹏，张春丽，秦颖. 运动饮料：水分、糖和电解质的补充及吸收. 饮料工业，2006，9（6）：14-19.

[37] 梁世杰，丁克芳，林伟国. 运动饮料配方设计概念. 饮料工业，2003，6（3）：1-6.

[38] 李宁. 对症养生蔬果汁. 南京：江苏科学技术出版社，2012.

[39] 邓树勋，王健，齐德才. 运动生理学. 北京：高等教育出版社，2009.

[40] Chen Zhen，Finkelstein Eric A，Nonnemaker James M. Predicting the effects of sugar-sweetened beverage taxes on food and beverage demand in a large demand system. American Journal of Agricultural Economics，2014，96（1）：1-25.

[41] Zheng M，Allman-Farinelli M，Heitmann BL. Substitution of sugar-sweetened beverages with other beverage alternative：a review of long-term health outcomes. Journal of the Academy of Nutrition and Dietetics，2015，115（5）：767-779.

[42] 林高鹏. 低脂肪——欧美食品业发展的主流趋势 [J]. 中国检验检疫，1999（4）：43.

[43] 汪海洪，高大维. 低脂食品的发展与脂肪替代品 [J]. 食品与发酵工业，1997（01）：52-56.

[44] Pietrasik Z，Duda Z. Effect of fat content and soy protein/carrageenan mix on the quality characteristics of comminuted，scalded sausages [J]. Meat Science，2000，56（2）：181-188.

[45] Ruiz-Capillas C，Triki M，Herrero A M，et al. Konjac gel as pork backfat replacer in dry fermented sausages：Processing and quality characteristics [J]. Meat Science，2012，92（2）：144-150.

[46] Ruusunen M，Vainionpaa J，Puolanne E，et al. Effect of sodium citrate，carboxymethyl cellulose and carrageenan levels on quality characteristics of low-salt and low-fat bologna type sausages [J]. Meat Science，2003，64：371-381.

[47] 杨玉玲，许时婴. 利用籼米为基质的脂肪替代品制备低脂火腿肠 [J]. 食品科学，2006，27（8）：162-165.

[48] Eim V S，Simal S，Rossello C，et al. Effects of addition of carrot dietary fibre on the ripening process of a dry fermentedsausage（sobrassada）[J]. Meat Science，2008，80：173-182.

[49] Galanakis C M，Tornberg E，Gekas V. Dietary fiber suspensions from olive mill wastewater as potential fat replacements in meatballs [J]. Food Chemistry，2010，43：1018 -1025.

[50] 张慧旻，陈从贵，聂兴龙. 结冷胶与海藻酸钠对低脂猪肉凝胶改性的影响 [J]. 食品

科学，2007，28（10）：80-83.

[51] 宗瑜，汪少芸，赵立娜，等.利用生物技术研制低脂白羽鸡肉丸 [J].中国食品学报，2010，10（5）：189-195.

[52] 臧其梅.欧美国家低脂肪食品的发展 [J].食品科技，1998，(03)：2-3.

[53] 王利方.低脂食品的风味改善 [J].食品工业科技，1996，(03)：10-13.

[54] 张丹君，章海萍.低脂肪食品研制方法的研究进展 [J].科技信息（学术研究），2007，(07)：242.

[55] 张根生，葛英亮，聂志强，等.马铃薯膳食纤维低脂肉丸的工艺优化 [J].肉类研究，2015，29（8）：8-12.

[56] 麻梦含，刘玉兰，舒垚，等.低脂芝麻酱制取工艺及品质研究 [J].中国油脂，2018，43（09）：66-70.

[57] 牛沁雅，魏可君，张慧琴，等.新型肉制品研究进展 [J].食品研究与开发，2018，39（04）：207-212.

[58] 王芳.卡拉胶对酪蛋白胶束结构及低脂干酪品质的影响机制 [D].北京：中国农业大学，2014.